洞察

精确观察和有效沟通的艺术

[美] 艾美·赫曼——著
朱静雯——译

中信出版集团·北京

图书在版编目（CIP）数据

洞察：精确观察和有效沟通的艺术 /（美）艾美·赫曼著；朱静雯译 . -- 北京：中信出版社，2018.1（2025.6 重印）
书名原文：VISUAL INTELLIGENCE
ISBN 978-7-5086-8392-8

I. ①洞… II. ①艾… ②朱… III. ①观察－能力培养 IV. ① B841.5

中国版本图书馆 CIP 数据核字（2017）第 291209 号

洞察：精确观察和有效沟通的艺术

著　　者：[美] 艾美·赫曼
译　　者：朱静雯
出版发行：中信出版集团股份有限公司
（北京市朝阳区东三环北路 27 号嘉铭中心　邮编　100020）
承 印 者：北京盛通印刷股份有限公司

开　　本：880mm×1230mm　1/32　　印　　张：12　　字　　数：220 千字
版　　次：2018 年 1 月第 1 版　　印　　次：2025 年 6 月第 22 次印刷
京权图字：01-2017-8367
书　　号：ISBN 978-7-5086-8392-8
定　　价：58.00 元

献给

伊恩　点点滴滴　时时刻刻

世上充满了神奇的事物

它们正在耐心等待我们的感官变得敏锐起来

目录 | CONTENTS

第四部分 适应

作者序

教授“洞察艺术”这门课程已有14年了，我为此备感荣幸。借此机会，我与世界各地成千上万的人交谈、通信，和他们聊对于艺术进行观察、洞察和交流的体验。由于有些对话发生在我写作该书之前数年，由于该项目的参与者当初报名上这门课时本无意被我写进书里，由于我采访的许多人从事的工作极为敏感，所以我对书中提及的大多数人名及身份相关信息进行了处理，以保护他们的隐私。若所述之事与现实人物雷同，纯属巧合。本书是一部写实的作品，所有的故事都是根据我有限的记忆，或是忠于讲述者的原话如实叙述。虽然我无法一一证实他们故事的真实性，但被我纳入了本书的，都是我认为属实的故事。

前言

当我站在公寓外的走廊，周围的一切都是模糊、缓慢的。门背后回荡着尖叫声，尘埃颗粒飘浮在荧光中，一只猫在我左侧喵喵地叫着，前方的警官举起拳头敲门，他的搭档则神情紧张，全副武装，随时准备掩护他。屋内的争吵声传到外面，负责掩护的那位警官的枪管犹如无声呐喊般地张开。咦？我是怎么到这儿的？

我小时候会在每一样事物里看到艺术：在美丽而不匀称的阳光穿过树林时、在图案独特的石头上、在潮水冲刷的贝壳里。我绝不是一个特别有创造力的人，但这并没有阻挡我对艺术史的学习热情。尽管要读大学时，由于我那身为科学家的父亲和注重实际的母亲对我的培养，以及我对于为民效劳的渴望，我还是进入了法学院。所以，学法学的我会对警察巡逻尤其紧张。

为了不让本能的担忧扰乱心境，我观察周围的环境，就像要画一幅画一样，分析每个细微差别，观察前前后后，试图找到那些细小而又看似不协调的细节背后所隐藏的含义。有人多次对我说，并且我自己也知道：这样的思考方式是异于常人的，但我总能发觉，自己的艺术背景对法律实践来说极为有益，因为在法律实践中，做个客观的观察者是至关重要的。

于是，我脑子里产生了一个可怕的想法：假若和我一起的那个警官没有这些技能，那怎么办？当门打开的时候，无论他看到的是一个哭泣的婴儿、一个犯愁的老妇人或者一个挥舞着枪的疯子，他如何将这些信息快速准确地传达给同伴，他的判断将影响到我们每一个人。我的性命就握在这个素不相识的人手里，他的观察能力以及能否准确传达当时情境的能力，都关系到我的性命。

谢天谢地，那位警官缓和了局面，消除了危险，使我的那次经历没有以悲剧告终。不过，当我近距离地面对这样的致命武器，或者说第一次被迫勇敢地直面死亡，有了那样的经历后，这种情景一直在我脑海中浮现，很多人也会如此。我们在一生中会碰到多少次“别人的观察能力会密切地影响我们”的事？有无数次吧：不论是当我们坐上飞机或火车、坐进出租车里或者躺上手术台。有时是性命攸关的事，有时是改变人生轨迹的事。别人对一件工作的细节把控与推进情况也会影响到我们的工作、名誉、安全和成功，同样，我们的观察能力也会影响他人。观察是一种责任，不可小看它，因为它可能意味着天壤之别：升迁或降级、大成就或大惨剧、一个平常的9月的星期二或一次恐怖的“9·11”事件。

敏锐观察和有效沟通这两种能力，并非火箭实验那样复杂的技能，它们更直接简单，是人们与生俱来的能力。可是我们常常意识不到，我们在这两件事上做得并不好。我们走错登机口，坐错航班，发邮件时填错了收件人，在邮件中说了不该说的话，我们忽视了就摆在面前的一些重要迹象。为什么呢？因为我们天生就会犯那些错误。

大脑能“看到”的东西很有限，能处理的则更少。根据多年从事法律工作的经验，我知道这一点，因为我发现第一目击证人的证词都不一定可靠，事件亲历者对当时情形的描述也会失真。直到我追随内心回到了艺术的世界中，我才积极地去研究洞察的奥秘。作为纽约弗里克美术收藏馆的教育主管，我把一门由耶鲁大学皮肤学教授创立的课程带到纽约医学院，教学生分析艺术作品，从而提高他们为病人诊断病情的能力。这门课程大获成功。一项临床研究发现，上过这门课程的学生的诊断能力要比没有上过这门课程的学生高出56%。我想知道这背后的科学原理。我想更多地去了解我们是如何观察事物的，以及为什么单单观看艺术作品就能够提高洞察力。

因此，我变成了一个神经科学的狂热爱好者，读了我能找到的所有研究文献，并且采访那些研究者。我甚至在网上注册参加了一个神经科学的“视频游戏”。我发现，虽然我在“如何观察”的许多认知层面上会犯错误（很显然，是视网膜而不是眼睛才是大脑的一部分），但是，对于最关键的方面，我的认知还是准确的，尽管我们不能完全理解人类的大脑，但我们可以去改变它。我们能够把大脑训练得可以观察到更多东西，而且观察得更为准确。

每当我学到了奇妙的东西，我就想分享给所有人，而不仅仅是分享给医学院的学生们。在“9·11”事件过后不久的一个晚上，城市里仍然被恐怖袭击的气氛笼罩着，人们也诉说着英雄事迹和令人心碎的故事，我和朋友们共进晚餐时，分享了我所学到的东西，其中一位朋友就问我，有没有想过去训练一下那些救援者。我没有想过，可是当我回忆起那天，我在不知道那个警官会看见什么或者如何反应的情形下，我在那个过道时的恐惧，我会觉得非常合乎情理。我对将警察和伦勃朗[①]联系起来的创意很着迷，接下来要做的就是去说服执法部门。于是，在接下来的那个周一，我就给纽约警察署打了电话。

“我想带你们那儿的警察去我们的美术馆看看绘画。”我这样告诉警察局副局长，弄得他一头雾水，我心里已经做好准备——他有50%的可能性会挂掉我的电话，但是他答应说我可以试试看。于是，在几个星期里，警察带着武器来到弗里克美术收藏馆，这是前所未有的。于是，“洞察艺术”这门课程就诞生了。

现在，我教这门课程已经14年了。我为纽约警察局13个部门的警官进行培训，同样我也给华盛顿特区、芝加哥、费城的警察局、弗吉尼亚州警察局、俄亥俄州警察局长联合会上这门课。这门课程声名远播，于是我又增加了很多客户，包括联邦调查局、

---

① 伦勃朗·哈尔曼松·凡·莱因（Rembrandt Harmenszoon van Rijn），是荷兰历史上最伟大的画家，也是欧洲17世纪最伟大的画家之一。——编者注

国土安全部、苏格兰场[①]、美国陆军、海军、国民警卫队、情报局和联邦执法官署、美联储、司法部、国务院和国家园林机构。

很快,《华尔街日报》就采用了一名从事秘密工作的联邦调查局特工人员的事例，报道了我的课程，以及这门课程对执法、法律和军事部门产生的积极作用。那位特工人员赞扬说，我为他进行的培训，使他的观察力更加敏锐。上完“洞察艺术”这门课以后，他成功搜集了一个废品收集集团的罪证，这个集团被暴民控制，制造了 34 宗犯罪案件，曾被政府没收了 6000 万至 1 亿美元的资产。几乎一瞬间，我就接到了来自公司、教育机构，甚至是工会打来的电话。因为实际上，我们所有人：家长、老师、空乘人员、投资银行家、甚至是门卫，在某种程度上都是第一反应人员。

“洞察艺术”这门课的教学方法被国防部称为“无价之宝”，还被海军第一参谋长赞扬“激发了形成未来可观的作战想法所必需的创新思维”。本杰明 · 奈什督察在参加完我在联邦调查局的国家科学院项目中的研讨会后，邀请我给费城警察署演讲，他说：“(在这门课上)我感到我的眼界更开阔了，(我知道这会是)他们有幸看到的最不同寻常的培训。”

那么，是什么让它如此不同寻常？我给他们展示把乳房垂到肚子的裸女图片，以及用小便器做的雕塑，为的是教给他们精确观察和有效沟通的艺术。

它奏效了。

我已经帮助了来自各行各业成千上万的人。他们在律师事务所、图书馆、拍卖行、医院、大学、财富 500 强企业、娱乐公司、

① 苏格兰场（Scotland Yard）是英国首都伦敦警察厅的代称。——编者注

银行、工会，甚至在教堂工作。他们的视觉分析能力得以增强，批判性思维更敏锐。现在我也可以教你。

并非只有医学人员、法律执行专家才需要知道怎样辨别出相关信息，区分优先次序，得出结论并表达出来。所有人都需要这样的能力。一个漏掉的细节或是误传的词语就可以轻而易举地搞砸一份卡布其诺的订单、一份百万美元的合同或者一起谋杀案的调查。我之所以知道这些，是因为每星期，我都站在那些最优秀的、最聪明的人面前，看着他们一而再、再而三地漏掉关键信息，没有人能避免，不管是董事长还是邮政工人，不管是育儿师还是脑外科医师。

然后，我看着他们变得更好。不管我教的是客服人员还是信息技术特工，艺术家还是档案管理员，学生还是侦察专家，那些已经在工作岗位上表现出色的人，总是做得更好。我观察着每一个阶段的变化，而且我也很高兴能有机会帮助你们做出改变。

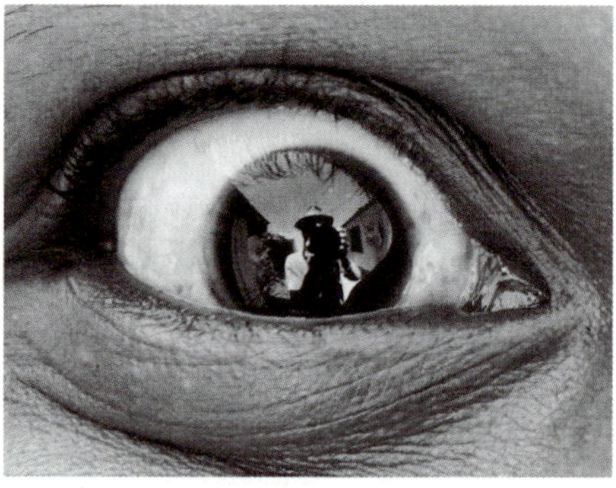

JR，“妇女是英雄”项目，肯尼亚：
《一个女人眼中的自画像，肯尼亚》，2009

这张照片来自艺术家 JR 的自拍，或者至少是另一个人眼中的他。但是，他遇到了一个问题，随着他拍摄人像作品的声名远播，那些照片被放大到广告牌尺寸，被贴在世界各地的大厦的顶部和侧面，比如“把一张人脸挂在世界上最贫困的地区”，但因为他并没有得到被拍摄者的许可，好几个国家给他发出了逮捕令。有人让他创作一张自拍照，但他不愿意将自己的面部特征暴露出来。这会让他更容易被逮捕。他的解决办法就是：一位女性眼中的自拍肖像。我喜欢这张图，因为它准确概括了“洞察艺术”是怎么一回事：改变我们的洞察能力和预知能力会远远地超出我们的想象。

请把这本书当作你的新的自拍肖像。你可以后退一步，用新的视角来审视自己。你在这个世界上看起来怎么样？沟通能力怎么样？观察能力怎么样？在你的周围和内在各有什么？

通过这本书，你将学会如何提升以下 4 个方面的能力：你自身固有的信息搜集能力、战略和批判性思维能力、决策能力以及用大脑探究事物的能力。这本书和其他的心理学家或者记者写的书不同，它不仅告诉你大脑能做什么、人们如何将它用到极致，它还能将这些一一展现给你看。

我们将采用我和世界各地的领导者一起做互动训练时的方式，借助睡莲、穿紧身胸衣的女人和一两个裸体，一起来练习将宏观的概念落实成具体的细节，将视觉和感觉获知的信息连贯起来，并把它用客观精确的方式表达出来。

请看下面这张照片，它并没有经过修整或是数字化修改，你看到的就是它原有的样子。你觉得在照片上发生了什么？照片又是在哪里拍摄的呢？

安娜・舒蕾特・哈勃，《花：一个特定地点的装置艺术》，2003

我听到的最常见的回答是——一座废弃建筑物里被当作艺术品的花和草。这个回答部分正确。这是一座老建筑，摆放的是真花，它们是被艺术家有意放在这里的。你觉得这是一座什么样的建筑？我们看到一台空调，一个很多扇门的过道，一间摆放着椅子的房间。有人猜测这是一座办公楼，也有人猜测这是某类学校，但是都不对。绝大多数人都不会想到的：这是一家精神病院。

为了装配更多现代的设施，经营了 90 年的马萨诸塞州心理健康护理中心要被拆掉了。艺术家安娜・舒蕾特・哈勃用了一件这里一直缺少的一样东西来纪念它（令人难过的是，她是从精神病患者收不到花这件事情上获得了灵感，因为这里没有早日康复的祝福）。结果她的艺术品《花：一个特定地点的装置艺术》颠覆了我们对于心理健康的想法。我们不会把活泼的色彩同废弃的建筑联系起来，也不会期待在精神病院中看到勃勃生机。同样的，这本书会改变你观察世界的方式。你会在完全出乎意料的地方看到色彩、光亮、细节和时机，你会在空无一物的空间里看到生活、可能性和真相。你会在最混乱不堪的地方看到条理，找到答案，你再也不会像过去那样看东西。

我所做的“洞察艺术”的现场演示都是来自他人热情的邀约。因为一旦人们拓宽了视野，他们就会去告诉别人。他们想让每一个人都能经历这份的意外发现和奖赏。往期的很多学员给我发了电子邮件，告诉我这次培训经历怎样让他们在工作中提高自信，帮助他们升职，改善了他们的客户服务，为公司省下可观的金钱，资金筹集额度提高到原来的两三倍，提高了考试的成绩，甚至可以让他们的孩子免去上不必要的补习班。

学习观察重要的东西也会改变你的世界。我要请你来睁开眼睛，看看这是怎么办到的。我敢保证，你会发现，你甚至不知道你的眼睛原来是闭着的。

第一部分

评价

我们只会找到，自己所寻觅的世界。

——亨利·戴维·梭罗

第 1 章

列奥纳多·达·芬奇与“失去的头脑”

论得要领之重要性

当德雷克·卡永戈走进他入住的费城酒店房间的浴室，他注意到一个细节，其他出差人士和度假家庭也会发现这个细节，却从未放在心上：墙角架上一块很小的香皂。他昨晚用过的光滑绿色椭圆形香皂不见了，今天换成了一个小硬纸板盒，里面放了一块新香皂。

他是土生土长的乌干达人，当他和家人从穷凶极恶的独裁政治中逃亡的时候，他们变得一无所有。现在他是一名美国的大学毕业生，经济还很拮据。他关上水龙头，穿好衣服，将那块没有用过的香皂带到酒店前台。

“我想和您确认一下，我不会为这块香皂付钱，”他对服务生说，“我没有用过，也不需要。”

“哦，别担心，这是送的。”前台说道。

“谢谢，可是我昨天到房间的时候已经有一块了。”卡永戈解释道，并问服务生，“那块用过的呢？”

“我们每天都给每位客人换新香皂。”服务生向他保证说，“不会收您费用。”

卡永戈听后大吃一惊：每个房间？每天？每个酒店？全美国？

“那么，那块用过的香皂怎么处理？”他问。他小时候长大的难民营里用的是细片的肥皂，但酒店的香皂相当足量，即使在他用过了以后还像新的一样。

服务生向他耸耸肩，说：“负责清洁的服务生会把它们扔掉的。”

“扔到哪儿？”

“就和其他垃圾一起扔。”

“我虽然不是什么了不起的数学家，”卡永戈告诉我，“但我很快就意识到，如果有一半的酒店都这么做，那么将会有大量的香皂就这么被倒进垃圾填埋地了。这件事让我难以释怀。”

卡永戈回到非洲后给他父亲打电话，他父亲曾从事过肥皂生产，他告诉父亲：“你不会相信，在美国，香皂只用了一次，他们就扔掉了！”

“那里的人浪费得起香皂。”父亲对他说。

可是卡永戈知道，每年有两百多万人（其中大多数还是蹒跚学步的孩子）死于腹泻性痢疾，而单靠用香皂洗手就能够预防这种疾病，他觉得美国酒店的做法让人难以接受。在非洲，香皂还是一种很多人买不起的奢侈用品，而在美国，人们随随便便就把它们扔掉了。卡永戈决定要为此做些什么，通过变废为宝去帮助故国。

返回美国亚特兰大的家后，他便四处开车去当地的酒店，尝试索要已经用过的香皂。

“一开始他们觉得我疯了，”他回忆道。他在电话里讲述那些酒店的反应，声音中透着笑意，“酒店的人问我要那些做什么？它们很脏。我回答说，是的，是脏，但是我们可以清洗，我们可以洗香皂！”

卡永戈找到了一个回收设备，能够为收集来的旧香皂抛光表面、软化并消毒，于是，“全球香皂工程”（Global Soap Project）的慈善事业诞生了。自那以后，他回收了100吨的香皂，重新分配利用。“全球香皂工程”与卫生保健教育的项目一起，救助了四大洲32个国家的人们。2011年，卡永戈被CNN提名为“英雄人物”，这一殊荣当之无愧。

我们并不需要像老电影里的英雄形象，也无需像传说中的超能力者那样，做一个最强壮、最快速、最聪明、最富有、最英俊或者最幸运的人，去战胜什么或者改变世界。现代那些最成功的人士，像比尔·盖茨、理查德·布兰森、奥普拉·温弗里，还有德雷克·卡永戈，他们向我们证明：不论身体素质怎样，受教育程度如何，专业水平如何，生活境况如何，抑或住在什么地方，这些都不重要。

如果我们懂得如何观察，我们就能生活下去，并且收获成长。

去探寻别人没有发现的东西。去发掘本该有但却没有的东西。去寻觅机会、解决方案、警示、捷径、出路和成功。要学会寻得要领。

虽然我们并不渴望获得轰轰烈烈的嘉奖，但是敏锐准确的观察却能使人们在生活的方方面面受益。当一个明尼阿波利斯酒店收拾房间的人注意到一个年轻女孩独自在房里，眼睛不看她，即使冷天也衣衫单薄，还没有行李，她就可以去报告，揭发一桩国际色情贩卖案。当一个机敏的服务生在一家拥挤的咖啡厅，注意到只点了一杯水的男学生在暖和天气里却穿了一件大衣，流了许多汗，他便更仔细地观察，发现一根细小的金属丝正粘在那男孩的黑色大行李袋上。他的观察就能阻止那个男孩引发一次大爆炸事件，用警察局长的话来说就是"会造成一次大规模的灾难"。

观察能力（察觉那些已经摆在我们面前的东西）不仅可以防止灾难发生，还是伟大探索所需的前提和先决条件。

当人们都沉浸在使用新香皂的喜悦中时，只有卡永戈看到了回收香皂的潜在价值。面对同样的事物时，为何他会用不同的方法看待？同样的原因，瑞士长途旅行家乔治·德·迈斯德欧在低头看自己满是毛刺的袜子时，预见了一种新的黏合方式，乔治的这个发现叫作"维可牢"，它彻底变革了宇航员和滑雪者穿上复杂的全套服装的程序，让下一代孩子不用学着系鞋带，每年销售额高达 2.6 亿美元；也是同样的原因，在休斯顿的一位母亲贝斯蒂·拉韦拜·考夫曼在看到塑料复活节彩蛋时，设想到一种不用蛋壳来煮全熟鸡蛋的方法。剥蛋壳很浪费时间，还会弄得一团乱，这令考夫曼生厌，于是她采用了一种新方法：一开始就在鸡蛋形状的容器里煮蛋，而不需要连蛋壳一起煮。她的发明"Eggies"，也就是那些带着盖子的鸡蛋大小的杯子，仅在 2012 年一年就卖出了 500 万件；也是同样的原因，使苹果品牌的象征史蒂夫·乔布斯走到技术领域顶尖的地位。这个原因就是：他们都有观察能力。乔布斯这样说道：“当你问有创意的人，他们是如何办到一些事的，他们会有些羞愧，因为实际上他们并不是‘做’了什么，他们只是‘看’到了一些东西。”

列奥纳多·达·芬奇将他所有的科学和艺术的成就都归于一个概念，他把这个概念叫作 Saper Vedere（“sah-PEAR veh-DARE-ay”）——懂得如何观察。我们也可以把他的这项天赋称作“视觉智力”。

我们只要会“看”，听起来是不是很简单呢？我们生来就有这种能力，但实际上，这是我们身体不自觉的行为。如果你的眼睛是睁开的，那你就是在观看。但是，这个动作不单单是保持眼皮撑开，更是一个神经生物学的过程。

视觉生物学简述

我不是科学家，但我的父亲是，他是一名寄生虫学家。我是被他带大的，所以我知道，要研究人们为什么按照自己的方式看东西，最好的方法不是去读人类视觉和洞察力的前沿研究，而是要去和开展这些研究的人面对面交流。那么，我的第一站就是去拜访承现峻博士。

由于他魅力十足的 TED 演讲和他领头开展的视网膜绘图程序“EyeWire”，承博士有几分神经系统科学界摇滚明星的味道。我推开前门进入他在普林斯顿神经科学研究所的新实验室——犹如一坐玻璃与铝构成的迷宫，我感到血压在上升。从我走进这幢楼开始，我就觉得挺吓人的，没有传达员，也没有大楼指南，只有一个没有标识的、开着门的升降电梯。我一进入电梯，就认定自己没本事进入那幢楼。我不知如何使用那电梯，我试着按住按钮，按钮不亮。没有任何引导的标示，也没有能插钥匙卡的卡槽。

谢天谢地，一个友善的、穿着印有“线性代数是我老乡”字样T恤的年轻学生，把他的ID输入到一块小的玻璃控制板上，电梯终于开始上升了。我告诉了他我要找谁。

“祝你好运。”他微笑着说。可是，眼下我不想听到这样的祝愿。

对我而言，回到普林斯顿，有些兜一大圈又回到原点的感觉。自我从法学院毕业以后，搬到普林斯顿的拿骚街，并在这里工作生活了5年。为了充实自己，我会在双休日自愿去普林斯顿大学美术博物馆当讲解员。

当我终于见到穿了一件米老鼠T恤的承博士时，我便立刻放轻松了。承博士总是散发着一种从容的魅力，而且具有将事物化繁为简的天赋。他这样对我说：“我曾经认为，观看和眼睛有很大关系，但其实并不是那样。”

虽然我们的视觉通常是和眼眶内的球形器官（即眼睛）相联的，但事实上，大脑才是视觉处理系统的主力。视觉信息处理会调动25%的大脑和超过65%的神经回路——比其他感官都要更多——眼睛上进行视觉信息处理的部分也被大脑所支配。

过程是这样的：光线穿过我们的瞳孔，然后它会由神经细胞转化为在一个薄膜上的电流形式，这个薄膜称为视网膜。我告诉承博士，我在高中时学到视网膜就像照相机里的胶卷，他对这个普遍的误解摇了摇头。

“肯定不是胶卷，”他说，“视网膜构造非常复杂，它甚至都不是照相机，它更像一台电脑。”

视网膜不是一个被动的传输路径，当大脑作为神经组织开始在母体中发育时，视网膜就已是其中的一部分。“研究视网膜是我们进入大脑研究的最简单的方法，”承博士解释道，“因为它本身就是大脑的一部分。”

一个神经元的3D打印图

他向我介绍了视网膜的美妙性和复杂性，并为我引荐了许多其他科学家，我也带给他一件礼物表示感谢：一张第一次被 3D 打印的神经元的图片。

我从美国国家卫生研究院的 3D 打印中心下载了一个可以打印的文件，是一个由 EyeWire 上大众科学家绘制的名为 IFLS 的 J 细胞。然后，我访问了当地的 MakerBot 商店，那里可以将巨大的神经元复制出来。这个脆弱的 3D 成品好似一个块茎，一个迷你大脑，蔓生出弯曲交错的纤细枝桠，能在细胞间传递电流信息。

我在 EyeWire 的程序上看到过视网膜神经缠绕在一起形成的网络，承博士称其为“丛林”。在他运营的 EyeWire 程序中，每个神经元被不同的颜色标识出来，因此它们各自的形态能够明显地显现出来。但是，我把 3D 打印的模型拿在手里时，神经元之间每一个连接的重要性也随之被放大了。1 亿个视网膜受体，视网膜不仅可以大量预处理图像信息，而且在通过视神经的 120 万个轴突向大脑传输图像信息前，对其进行空间上的压缩和编码。

“视觉感知的最初机制在信息传输到大脑之前，就已经在视网膜中发生了。”

这也就解释了为什么安装可以工作的义眼要比移植或人造其他器官困难很多，就是因为眼睛和大脑错综复杂地交织在一起。

所有这一切都表明：我们并不通过眼睛，而是通过大脑在观察世界。

非用即失

我们的观看能力、理解能力以及处理能力，都依赖于大脑卓越的处理能力，这种处理能力完全依赖于神经连接。假设我们所有的物理走线都是健全而未受损伤的，把看到的事物转化为有意义的图像需要时间，这个时间会随着年龄增长而变长，也会因为不使用观看的能力而变得缓慢。

科学家发现，如果减缓或者停止脑部肌肉的伸缩，我们的神经传送速度会急剧放缓，转而减慢视觉处理的速度，减弱察觉变化与动作的能力，还会减弱图像搜索的能力。由于大脑掌管身体功能，任何神经处理的延迟也会导致其他系统处理的延后，包括我们看见的东西，以及对所见事物的反应。反射时间变长和记忆变迟钝，不光是由身体的衰老导致，还可能是我们没有充分地训练大脑，或者没有正确地训练它。

幸运的是，在我们的一生中，大脑通过学习，一直在做新的连接，还会强化旧的连接……只要我们处于学习的状态。研究者发现，环境刺激对我们大脑的输入，比如学习新东西，阅读一则引人思考的概念，或者玩任何一种“脑力游戏”，不论在什么年龄都能促进皮质成长，甚至在最年老的人身上也会奏效。如同认知条件法（cognitive conditioning）可以用来防止痴呆症一样，它同样也能用来强化我们的观察、理解、沟通能力。如果我们的感官和大脑能够持续高速运转，那么，我们做出的反应也会变得更好。那样就有助于我们成为更好的雇员、司机，更有能力在更长的时间里照顾自己和他人。

为了帮助大家刺激感官，并且让神经元发挥作用，我将采用给联邦调查局、情报分析员和财富 500 强公司培训时的方法：学习艺术。

扬 · 斯特恩，《当老人唱起歌来，年轻人也吹起管来》，1668~1770

卡雷尔 · 法布里蒂乌斯，

《金翅雀》，1654

为什么要学习艺术?

如果我对别人说，我们要使神经元更活跃，加快大脑的信息处理速度，绝大多数人都不会想到观看古老绘画和雕塑这种方法。人们或许会想到去参加前沿的 3D 技术培训，至少也是戴副谷歌眼镜穿梭在拥挤的街道上，而不会想到去博物馆里徜徉，观看那些摆放了上百年的艺术作品。但重点恰恰就在这里：艺术品是不会自己长脚走开的。如果你想研究人类行为，你可以在一些公共场合停下脚步打量人们，猜猜他们是谁，他们为什么要那样穿着打扮，他们要去哪里……观察他们，直到他们消失在视线里，你永远不会知道自己猜得对不对。要不，你就去分析那些我们已经知道答案的绘画作品，答案包括：谁画的，画了什么，在哪里画的，什么时候画的和为什么要画。艺术历史学家大卫 · 乔斯利特把艺术描述为"对经验和信息的极高形式的存储"。艺术中含有供我们磨炼自己观看、洞察以及沟通技能的所有东西。

如果你能谈论一幅艺术作品里传达的情境状况，那么你也就能够谈论每天的生活场景，你可以讨论会议室、教室、犯罪现场以及工厂车间。陆军部邀请我给那些即将被派到中东的军官做培训，就是因为他们是去海外，会遇到出乎预料的未知状况。军队教他们文化差异和当地礼节，但我会教他们怎样在不熟悉的环境里有效地和人沟通。去描述一幅绘画中一个女人戴着 1 英尺长、4 层上浆的领子，以及描述你在外国市场或是国际机场看到的东西，用的是相同的技能。招聘经理能更好地描述正在面试的候选人，小学校长用更有效的工具去评估他们的员工，也是用着同样的技能。

艺术给了我们大量机会去分析复杂的场景，当然也有更简单直白的艺术作品。讽刺的是，我们反而难以描述每天日常熟悉的简单事物，因为我们不再去注意它们有趣或者不同寻常的地方。成年以后，我们习惯了世界的复杂，只对创新的以及紧急的事物投去注意，并让它们占据我们的视野。我们依赖经验和制度，而非寻找细微之处，而事实上，正是那些细枝末节，会在我们的成功道路上起到更大作用。我们必须要特别适应的，恰恰是那些在平时见到的和处理过的事物，而不是新的或者特别的事情上。

想让老板、家人对我们刮目相看，就需要重组世界观，改变洞察方法。艺术可以让我们做到这些，因为我们能在很多地方看到艺术。因为艺术的丰富性与复杂性，我们也能透过艺术看到人性，并且艺术有时会引起人们的不适。出乎意料的是，不安感和不可靠感会激发人脑潜能。

当我们需要在不熟悉的环境下运用个人职业技能时（对大多数人而言，艺术分析就是这样），我们就展开一种全新的思维过程。1908 年，哈佛大学的心理学家发现，人们在遇到新奇的体验时，应激激素会轻微上升，大脑的工作也是最有效的，该发现已被现代脑显像所证实。因此，对我们来说，要反思我们多年来习以为常的方式方法，比如工作的方法、与人交流的方法、我们看待世界的方法，最好的方式就是从自我中走出来，走出我们的舒适区。

艺术把我们带出日常生活，让我们重新反思自己如何观看、如何觉察、如何沟通。艺术激发了交流，尤其是当它让我们感到不适的时候。在艺术中，有在眼睛的位置上长着鼻子的女人，有用指甲钳卷头发的男人，有从树上滴下来的钟表，有长着蜘蛛腿的大象，还有许多人在尖叫。

艺术（尤其是那些令人不安的作品）之所以美好，部分原因在于任何人都可以讨论它。你不必是一位艺术史学家，就可以谈论你看到了什么。事实上，我宁愿我大多数的参与者只有一丁点儿，甚至完全没接受过任何艺术训练，因为对于提高观察能力和沟通技巧而言，不需要预先进行艺术训练，而且，那样或许能够让他们在看艺术作品时更为客观。我们并不是在学习笔法或者调色板或者历史时期，我们只是把艺术用作可供确认的视觉信息，来讲讲我们看到的东西，或者我们认为我们看到的东西。

杰拉德·范·昂萨斯特，《微笑的女孩，一个名妓，手持色情图片》，1625

在这本书中，我们会利用绘画、雕塑和摄影作品——其中一些你可能以前见过，还有一些你可能无法想象它们是真实的——去重新思考我们看待世界的方式。拿这张年轻女人的肖像画来说，讨论和探究它的时候，你并不需要知道这是哪位画家、在什么历史时期画的。你会怎么去描述她呢？健美端庄还是平凡朴素？我们知道，两种描述都是主观的，这是旁观者的视角，所以不论是哪种描述都对事事讲求客观性的专业环境无用。那么，术语“高加索人”呢？这是客观的吗？是的。但是它准确吗？“高加索人”可以泛指白皙肤色的人，或是特指那些来自欧洲和亚洲之间的高加索山脉地区的人。那么，澳大利亚的浅肤色人种和土耳其的深肤色人种怎么算呢？你有没有注意到她头上好多的羽毛、脸颊上的酒窝、手上的戒指，还有她拿着的那幅裸露背部的人体画？有没有注意到她暴露的乳沟？谈论这幅画时，这些是不是客观的，甚至更适合谈论的细节呢？

一旦你学习了“洞察艺术”课程的核心，你就会知道答案。我把课程的核心总结为“4A”：评价（assess），分析（analyze），清晰表达（articulate）和适应（adapt）。我们将从评价一个新场景开始，通过学习视力以及生来固有的盲区的构成开始，我会给你一系列有步骤的程序让你做有效客观的监测。在我们收集了所有信息之后，我们将学习如何处理这些信息，如何分析我们已发现的东西，包括区分优先次序、识别图形以及洞察和推理之间的重要区别。我们的发现和认知，如果不能够表述出来，那就没有什么用。所以接下来，我们要去解决如何准确表达自己的发现的问题。最后，基于以上的评价、分析与清晰表达，去寻求适应我们行为的方法。

但是，在我们开始之前，我还有一个非常重要的“A”要提醒大家，那就是大脑的“自动巡航”[①]（Autopilot）。请关闭这个功能。

大脑的“自动巡航”

亚历山大 · 格雷厄姆 · 贝尔在 67 岁时，于华盛顿特区的赛维尔友谊学校 1914 届学生的毕业典礼上发表了毕业致辞，令人印象深刻，他两头上翘的雪白胡子也特别引人注目。这位通讯领域的先锋人物当时已经是一位将要结束自己辉煌职业生涯的老人。虽然他因为发明电话而最为人所熟知，但他其实拥有 30 项专利，并且预言了许多领域的科技进步，比如空调、铁肺、金属探测器，以及利用太阳能电池板来加热房间。所以，当他承认他是无意中才发现那些的时候，大家感到非常吃惊。

他这样对观众们说，他最近在非常熟悉的、长期居住的“新斯科舍”周边散步，惊奇地发现一个通向大海的布满青苔的山谷。

他说：“生活中，我们往往太不注意观察了。有好多东西就在我们身边而且就在我们脚下，我们却从来没有看到它们，因为我们从来没有真正地去观察。”

---

① 原意是飞机自动巡航的意思，用于比喻人的思路在无意识、无操控的情况下自由发展。

习惯、无聊、懒惰、刺激过度，这些都会让我们漠视周围，也正因为如此，我们错失了良机。我们可能会漠视一些像袜子上粘着的毛边这样很简单的东西，从而失去了一个致富的机会；我们或许没有注意到酒店香皂这样不起眼的东西，从而失去了让世界变得更好的机会。如果贝尔没有时常保持对周围的敏锐注意力，那会如何呢？那么，我们自己又错过了什么呢？

当我们注意力不集中的时候，错失的不仅仅是机会。当我们做那些习以为常的事情，比如开车、陷入繁忙中、置身拥挤的环境里（比如火车站），大脑处于“关闭”和“仿佛在迷雾中”的状态时，那样甚至会给我们带来人身危险。

最近，我在华盛顿的一个地铁站里，习惯性地观察周围的人，因为我现在已经知道了这样做的好处。我看到忙碌的人群，友人在交谈，孩子们拉着家长的手，学生们背着重重的书包。然后，我注意到一个男人坐在台阶上，留着又脏又硬的胡子，穿着磨破的脏衣服，眉头紧皱，用一个尖锐的东西在一点一点地铲着墙壁。周围没有任何人注意到他。当地铁驶进站台，他站起来，把尖锐的东西胡乱塞进了口袋里，然后跌跌撞撞地进了一节车厢，车厢里还有十几个人。如果有人在5分钟前看到了他，那么，会有多少人选择换一个车厢？没注意到周围的环境会使他们和一个可疑的人在车厢里坐得很近，而且他的口袋里还藏着锐器。一个人怎么可能避开这么多人的视线呢？因为，不仅是我们没看到，还因为我们根本没有在意，因为耳机和智能手机就像个“电子眼罩”，我们常常戴着它们。

当我们通过“自动巡航”游走世界时，我们的眼睛似乎把什么东西都看遍了，但其实根本没有。如果我们不更加集中注意力，那么我们看到的东西会比我们本该看到的要少。我会在下文中讲到，注意力是很有限的资源，我们的大脑必须派它们“上场”。如果我们不让大脑处在使用中的状态，我们的注意力会不断给我们帮倒忙。

分散注意力的时代

拜无线网络所赐，我们随时随地都能够接收到源源不断的信息，比起从前，也会有更多的东西来分散我们的注意力。今天，拥有手机的人比拥有抽水马桶的人还要多。平均每人每天查看手机 110 次，并且在晚上，差不多每 6 秒钟就会看一次手机。我们在以永不间断的、字节为单位的网络中互动，不仅对我们的专心、专注、产出以及人身安全有所损害，还会伤害到我们的智力。2005 年，伦敦大学国王学院的一项研究表明，当工作的人分散注意力的时候，他将损失 10~15 个智商点，这种损害比吸大麻还要大。15 个智商点的损失是重大的，因为那就意味着，一个大人的智商会降低到 8 岁小孩的水平。

人类大脑的前额皮质负责分析任务，把它们排出优先次序，并分配精力资源给每项任务。但如果我们将它淹没在过多的信息里，或者让它太迅速地转移注意力的话，只会让它的运作变得更慢。有多慢呢？《实验心理学杂志》（*Journal of Experimental*

Psychology）上是这样说的：一个学生如果不能专注地解答复杂的数学题的话，解题的时间会多花 40%。

讽刺的是，使大脑“速度变慢”这个问题的始作俑者，恰恰是我们对于“速度”的需求。当今的世界，信息传播的迅速程度也同时创造了一种文化，这种文化诱发了人们对速度、自发性和高效率的重视，但是，这都是有代价的。在酒店业，人们都希望房间可以很快准备好，结果反而让工作人员的安全和顾客的满意度都大打折扣。因为，酒店清洁员清洁房间的定额从 1999 年的每次轮班打扫 14 间提高到 2010 年的每次轮班打扫 20 间。同时，员工受伤的风险也增加了，从 47% 上升到了 71%。这些变化意味着，管理公司在配置员工方面降低了成本，但是因为员工受伤而产生的医疗费却增加了。对酒店的清洁度也打了折扣，导致客人不愿意回上次住过的酒店再住一次。2012 年，科学家发现，在酒店客房里集落产成的细菌数量已经高出了被医院视作是“可接受的最高极限”的 24 倍。

同样地，在医疗护理机构，医生诊断的病人越多越快，越能拿到更多的钱。那些医疗专家会受到这种风气的影响，从而在诊断病人的时候只重视数量，却忽视质量，他们会直接看病人的病历，企图让诊断的速度快一些，只凭之前的病历记录作为依据，而不去亲自观察他们的病情，不亲自做出诊断。

不过，值得高兴的是，当速度带来的压力和不断的分心将要把我们压倒的时候，有一个自然简单的缓解办法：放慢脚步。在莎拉劳伦斯学院的一次毕业演讲中，身为工业设计师和《流言终结者》[1] 主持人之一的亚当 · 萨维奇提醒 2012 届毕业生，不必不停地处在匆忙的节奏中，其实他们有充足的时间。他这样说道：“你们有的是时间去失败，有的是时间去把事情搞糟，有的是时间去再试一次，如果你们又搞砸了，你们仍然还有时间。”萨维奇还提醒我们，急躁是一个有讽刺意味的陷阱。他说：“匆忙会导致出错，出错带来时间上的耽搁要远远大于放慢速度去做事。”

2013 年，普林斯顿大学和加州大学洛杉矶分校的研究学者发现，学生手写笔记要比用打字的方法能记住更多课堂信息，这恰恰是因为他们放慢了速度。用键盘快速地复制笔记就不需要批判性思考。而作为一种相对慢速的方式，手写的过程意味着我们不会逐字地去抓住所有，取而代之的是，大脑会被促使发挥作用去获取那些真正重要的信息，从而把信息更有效地存入记忆当中。

放慢速度并不意味着速度慢，只是说，用几分钟的时间，让自己专注于所看到的事物。我们需要时间才能意识到细节、图形以及关系。如果我们走马观花，那么就会错过事物的细微之处和新的信息。

相信你自己

2013 年 7 月，碧昂丝在佐治亚州德卢斯的演唱会上，因为提

---

① 《流言终结者》是一个美国的科普电视节目，在探索频道播出。亚当 · 萨维奇也是主持人之一。他们利用自身的专业和技巧，针对各种广为流传的谣言和都会传奇进行实验。

醒一位歌迷他正在错失一生不可多得的机会，而中断演唱会。在碧昂丝声称的“演唱会中最棒的环节”中，她把麦克风交给了她选出的几位观众，和她一起演唱《无可替代》（*Irreplaceable*）这首歌。其中有一位男士，虽然很幸运被挑中了，却一直在用他手机拍摄，以至于顾不上和她一起唱歌。

“你都不唱，一直忙着录像！”碧昂丝叱责他，“我就在你面前，你应该抓住这个瞬间，把那该死的相机放下！”

便携式技术不仅仅是在感知上让我们分散注意力，我们甚至还允许它成为我们真正的感知的替代品。当我看到人们在博物馆里拍下名画的照片，我常常很困惑，尤其是当他们好不容易挤进来才能看到画，却只是对着它们拍照，拍完就走开了。通过照相机的镜头看到最终的影像，而不是通过肉眼直接看到作品，就等于已经打了折扣。同样地，人们去看贴在墙上那些解说艺术作品的标签，却忽略了用自己的眼睛去看艺术作品本身。作家达芙妮·莫金最近也说过类似的观点，当她回忆自己去阿姆斯特丹国家博物馆欣赏杨·弗美尔的杰作，却因为有太多的人挡在画前拍照而无法观赏。她这样写道：“我不明白，我们究竟有多少经验都在这样的嘈杂中丢失了。”我们还没有好好地把眼睛利用起来，就只想要把所有的东西都用液晶显示屏幕（也就是手机或相机镜头）拍摄下来，将自己自身的感知、洞察和感受从生活中拿走和分离，就好像只有通过那样的方式才能看清世界似的。

在课堂上，我鼓励参与者做的第一件事情就是，让他们把手机拿开。我宁可他们不用这些电子设备去记录信息或是拍照片，只因为一个简单的理由：我希望他们相信自己。我不希望他们依靠任何别的东西，除了他们自己身上的东西，比如，天生的观察能力、直觉，还有理解和记忆信息的能力。

基本上，每个人一开始都非常紧张，尤其是当他们要做报告类的工作时，但是我向他们保证，也同样向正在读这本书的你保证：只要让自己所有的感知参与，它们会带来你需要的所有东西，甚至更多。你的大脑比任何设备都要强大。所以请把大脑的功能重新打开。

承现峻博士把他的视网膜研究做成人工和计算机相结合的研究，因为仅靠计算机不能达到效果。当他和他的团队想绘制显微镜下的视网膜神经元的图片时，他们本想采用人工智能的算法，结果发现，如果没有人工协助，这件事就无法完成。信不信由你，计算机识别图形，或是把 2D 图像转变为 3D 物体，这些都不如人脑有效。本质上，承博士需要依靠人脑的神经元才能去绘制神经元。

类似地，“洞察艺术”第一次开课之所以在医学院校里，是因为格伦 · 麦克唐纳这样的指导者注意到，新学生太依赖先进的技术，而太少运用自己的观察能力。麦克唐纳这样说道：“学生需要意识到，无论科技的用处多大，也比不上自己锐利的眼睛和敏捷的大脑的最佳组合。”

为了运用起大脑和眼睛，并让它们专注，我们接下来看一幅著名的画作，也许你之前就看过，但是这次我们要比绝大多数人观察得更慢。如果可以的话，请你把自己放到一个不会分心、无人打扰的地方，要是你能离开自己习以为常的环境，那就更好。现在，看一下这幅弗里克美术收藏馆的画作。我没有什么特别的作业要留给你，我只是要你去看。你看到了什么？把你看到的东西记在脑子里或者记在一张纸上。

你可以想看多久就看多久。来这座博物馆的游客中，平均每人看一件艺术作品的用时为17秒，我觉得这时间实在是太短了。哈佛大学艺术史教授詹妮弗·L·罗伯茨要求他的学生在一幅绘画前面坐上整整3个小时，这种练习被她称作“为了看到极致而设计”，学生可以真正地花时间去发掘给出的信息当中蕴藏价值的东西。找个时间，在一个地方待上17秒至3小时之间，只要是让你舒服的时间即可，同时，也能让你真正接受并吸收你所看到的东西。

为了启用你的观察能力，在看画时你要问自己以下问题：你认为在这幅画里发生了什么事？你认为画中人物和物体之间有怎样的关系？这幅画引出了你什么样的问题？

这个练习的重点在于，对放慢速度感到舒适，并真正地研究这些画作。通过快速一瞥，我们能够看到画里有两个人，一个站着，另一个坐着。不过，如果想发现细节，知道其中的关系，就需要多花一些时间。

当你观看这幅画的时候，是否注意到了坐着的妇女的大腿上，系着桔红色的腰带？是否注意到她的右手拿了一只羽毛笔？是否注意到在画的最左边，蓝色的桌布团在了一起？

再给自己一两分钟的时间去真正消化这些细节。

你观看的时间足够长了吗？你是否已经发现，坐着的女人颈部的珍珠项链上系着个白色的蝴蝶结？桌上那张写了字的纸上，字占了半页？那么你观看的时间已经很长了。如果你没有发现细节，那就再多看一会儿。

你能确定光是从哪里射进来的吗？如果不能，那就再看一下。

如果你通过坐着的妇女腿上的影子判断光是从左边射进来的，那么你也很可能发现这幅画的主要色彩——坐着的妇女毛皮衬里的黄色披风，站着的妇女的亮蓝色围裙——但是，材质又是怎样的呢？有没有注意到坐着的妇女左边的袖子的上部有深深的褶皱？有没有注意到背景是向下倒挂的带有褶皱的琥珀色？有没有注意到在墨水瓶和玻璃杯上有窗户的反射呢？

现在我们已经开始评价这幅画面，我们能够从通过观察收集来的信息里推断出什么呢？对于画面中的关系，通过观察，我们能够排除掉什么样的可能性呢？那个站着的妇女是佣人、朋友还是母亲？她光滑的肤色和坐着的妇女很像，可以猜想她们的年纪相仿，所以不会是母女关系。通过分析站着的妇女朴素、不加修饰的衣着，不佩戴珠宝，以及她的头发是简单地梳在脑后，没有烫卷也没有戴装饰品，这些都进一步说明了她们不在相同的社交圈，如果你更密切地观察，你会看到站着的妇女的右手腕上有一条线，可以从她经常被遮住的前臂的浅肤色中对应看出，她那因为劳作而变成深红肤色的手，而这手腕和前臂的差别，在坐着的妇女的均匀白皙的手臂上是明显找不到的。从她身体前倾的姿势和张开的嘴，看起来她在给坐着的妇女递去一封信，而这个坐着的妇女的姿势暗示了她正要去接受这封信，而不是向外递出。基于这些呈现出来的事实，我们可以断定这两个妇女的关系不是双胞胎或者姐妹，不是母女，也不是陌生人。我们猜测可能性最大的是主仆的关系，这个猜测也可以从绘画的名称“女主人和女佣”上得以印证。

通过观察这幅杨 · 弗美尔的画作的实践，我们知道，我们专注观察越久，我们就会发现越多。乔治 · 德 · 迈斯德欧、贝斯蒂 · 考夫曼、史蒂夫 · 乔布斯和列奥纳多 · 达 · 芬奇都认为，与其说发明在于创新，不如说发明在于发现。只要你睁开双眼，把大脑的功能开启，习惯去关注日常生活中的事，并且做到专注，就有可能有所发现。艾萨克 · 牛顿爵士也是这样认为的。他说过：“如果说我曾经有过有价值的发现的话，那么我觉得，更多地要归功于我耐心的专注，而不是其他方面的天赋。”

我们每个人都有观察和发现的才能，这些能力将会在多个领域给我们带来更多。不过，我们必须首先学会观察。

当德雷克 · 卡永戈得知美国的酒店例行公事地废弃只用过几次的香皂，他从前台回到酒店房间，跪在床上哭了起来。因为他小的时候，帮助父亲做香皂，还在肮脏的难民营里生活过，那时候根本就没有香皂。可是，他发现美国却这么随随便便地把香皂扔掉。虽一时不知道这样的事如何是好，但他还是下决心解决这个烦恼，直到想出办法。就像他自己说的那样：“把点点滴滴连结起来。”那个连结回到了他酒店浴室里的一块香皂，他已经知道自己能够想到办法把这块香皂分享给世界。

通过让我们的头脑做好准备，观察和专注于每件事，并且发现就在我们身边的，还有我们自身的可能性，我们能打开生活里的成功之门。认识到洞察不只是一个被动看的过程，更是一个主动运用我们感官的过程，我们就已经开始这趟洞察之旅了。不过，在我们能够真正地掌握观察能力以前，我们还需要知道我们的盲点究竟在哪里。

第 2 章

基本技巧

掌握观察的艺术

勒内·马格里特，《肖像》，1935

1877 年，一个 18 岁的学生悄悄溜进一间铺着暗色木质地板的解剖学阶梯教室，那里的 200 个座位排成一个略陡峭的半圆形。这是爱丁堡大学医学院中配备了最先进技术的教室。发言者是大家都早已有所耳闻的一位当地的传奇人物，他的知识面很广，有很深刻的洞见，而且能够很生动地讲给学生听，因此他很有名。这次，他将要教学生们他所谓的“方法”，受过训练的诊断方式，这个方法首先是以热衷于观察技能为前提的。

他很引人注目，高大的身材，长着鹰钩鼻和一双锐利的眼睛。他快速地步入大讲堂，脱掉宽大外衣，摘掉猎鹿帽，然后要求把第一个病人请进来。还有一排他没有见过的门诊病人，在走廊里等着让他当场诊断，并演示给学生们看。

一个穿着黑衣服的老年妇女进来了。

“你的短柄烟斗在哪里？”他询问。

这位妇女开始想，他怎么知道她有短柄烟斗？她很吃惊地从小包里拿出了一支陶土做的烟斗。

“我知道她有烟斗，并不是因为我看到了，而是因为我仔细地观察了她。”他这样告诉听得入迷的观众们，“我注意到她的下唇有一个小的溃疡，还有她面颊上光滑的伤疤，这是一个很明显的信号，那就是她吸烟时习惯用短柄烟斗凑近自己的面颊。”

另一个病人一瘸一拐地进来了。老师叫了一个学生。

“这个人怎么了？”他问道，“到讲台上来，看着他！不！你不能去碰他，就用你的眼睛看！用你的耳朵，用你的大脑，用你的洞察能力，用你的推理能力。”

这个紧张的学生看上去好像有把握了，边猜边回答说：“他得了髋关节病，老师！”

“根本不是髋关节！”老师喊道。他并没有向后看，继续说：“这个男的，他一瘸一拐并不是因为髋关节有问题，而是因为他的脚，或者说是因为他的两只脚。要是你密切观察，会看到他的脚上有被割过的痕迹，那是被刀子割的，这些痕迹在鞋子对脚压力最大的地方。这个男人得了鸡眼，可他并没有髋关节病。”

演讲者思路越来越敏捷，继续对陌生人做着推断，包括他们的职业，不易被察觉的缺陷，以及他们曾经旅行过的地方。

“同学们，这里我们请来一位先生，他应该是一位软木匠或者石板瓦工。你仅仅用眼睛看一会儿就能发现，他的食指的一侧轻微发硬，他大拇指的外侧轻微增厚，这是一个很明显的信号，使我们得知他的职业是这两种的一种。他黝黑的皮肤和脸上的阴影能够知道他是当地的水手，而不是去很远的地方出海的水手。他黝黑的肤色是仅由一种气候造成的，比如说是‘被当地气候晒出来的黝黑肤色’。”

当学生诊断不正确的时候，老师严厉地说：“这位同学有耳朵但是听不见，有眼睛但是看不见！”在他看来，在医学、刑法、或者日常生活中，对探索发现而言，没有什么比敏锐的观察技巧更重要的了。他不会错过任何蛛丝马迹，经常说出别人忽略掉的细节：比如文身、口音、皮肤印记、伤疤、衣着，甚至是一个人的鞋子上尘土的颜色。

“你一眼就能够知道这个人的国籍就写在他的脸上。”他指出，“他的生计手段就写在他的双手上，他的其他故事就写在他走路的样子、举止、手表链、装饰品和黏着在他衣服上的棉绒里。”

演讲者的敏锐感官和快速推理听上去像夏洛克·福尔摩斯，其中的奥妙在于：这位演讲者就是福尔摩斯系列小说的生活原型，福尔摩斯侦探小说的作者也正是从约瑟夫·贝尔博士身上得到灵感，才创作出了这部虚构小说。演讲者，约瑟夫·贝尔博士，一位外科医生，多产的作家，而且是亚历山大·格拉汉姆·贝尔的亲戚，他身上那种不寻常的神秘气质，深深吸引了他的一位年轻的学生亚瑟·柯南·道尔，但是贝尔却将自己身上的天赋称为“最基本”的能力。用贝尔在课堂上经常念叨的话来说，“运用你的双眼，运用你的双眼”，最重要的技能仅仅是“被动地让事物进入视线”还是“积极地去评价事物”的区别。

贝尔“夏洛克式”地总结道：“大多数的人是在‘看’，却不是在‘观察’。”

看和观察到底有什么不同呢？对于这一点，道尔在自己最早出版的一本短篇小说《波西米亚丑闻》(“A Scandal in Bohemia”)中，用夏洛克·福尔摩斯自己的口吻阐述过，当华生说自己的眼睛就像福尔摩斯一样敏锐时，福尔摩斯反驳道：“你在看，但你不是在观察。这个区别很大。比如说，你有没有经常注意从大厅通向这个房间的台阶？”

“经常注意。”

“多少次？”

“啊，好几百次吧。”

“那么，有多少级台阶呢？”

“多少级？那我不知道。”

“我没说错吧！你并没有在观察，虽然你看到了。这正是我想说的。我知道，从大厅通向这个房间需要17级台阶，因为我既看到了，也观察了。”

虽然我们常常把“看”和“观察”这两个词互换来使用，但是“看”还是一个自发和被动地将图像映入眼帘的过程，而观察，虽说也是看，但是它是有意识的、仔细的而且经过深思的。

你看到了什么

为了帮助大家在“洞察艺术”的课堂上写一份个人的详细清单，我给大家看了下面这张照片，一位年轻女子在户外行走。我问了一个简单的问题：你看到了什么？就用一句话告诉我，你看到了什么？

现在开始吧，你自己也测试一下。怎样用一句话完全精准地描述这个场景呢？

十几年来，我一直在对各行各业的专业人员做这个测试。学员们告诉我，图上有个年轻女人；最容易准确地被注意到的是她的穿着、她看的地方、她好像拿着什么东西、她哪只脚迈在前面。他们告诉我左边有一棵大树，光秃秃的；有的人甚至想到了通过和这个女人身高的对比去估算树的高度，但是，就像福尔摩斯所说的那样，没有人告诉我有几根树枝。我听到有人说起围栏和沿着围栏的灌木丛、长椅、落叶还有地面上的影子。但是，也许最令人吃惊的是，有将近一半的人在看这幅照片时，没有提到背景中有一个巨大的字母 C。

你看见它了吗？你在一开始有没有看见它呢？你在描述照片的句子里有没有提及它？这可不是一种幻觉或是什么后期处理照片的花招，这个字母 C 真真切切地存在。这是不是照片中重要的部分？是不是值得被提及呢？因为种种理由，是的。这个字母 C 把这幅图放在了一个很独特的位置，如果再深入观察一下，你会发现这个字母 C 被刷在一面 100 英尺[①] 高的岩石墙上。这面岩石墙在纽约市哈莱姆河的布朗克斯区那边，位于哥伦比亚大学的对面。这个信息可以帮助人们推知这张照片拍摄的时间，因为这个字母 C 最早是在 1955 年用全白色刷的，后来在 1986 年重新粉刷，用的是灰蓝色粉刷并用白色勾出了轮廓。因为这个字母 C 是一个

① 1 英尺约合 30.5 厘米。——编者注

令人印象深刻的、60 英尺高 60 英尺宽的，或许是纽约市最大的涂鸦，所以能够注意到占据了这张照片的大部分的一个物体，的的确确称得上是一种基本的观察技能。

那些看不到字母 C 的人，可都是有视觉功能的正常人，只是他们没有训练过自己的观察技能。假使在这 50% 的没有注意到的人里，有负责你抢劫案的侦探，或者你的外科医生，或者你的老板、男朋友、载着你孩子的公车司机，那怎么办？如果你自己没有注意到这个字母 C 呢？当你在读这本书的时候，看漏这样一个巨大的细节也不是什么严重的事情，可是如果你正在看小孩呢？如果你正在开车呢？或者正在过马路呢？

然而，在真正训练我们的观察技能之前，我们首先要去理解致使所有人在某个时刻忽略一些东西的内在生物机制。我们可以通过一只叫作凯文的大猩猩获得一点儿帮助，来看一看我们的内在生物机制。

房间里的大猩猩

首先，你要知道，凯文是没有意识的。我会说，凯文并不真实存在，但他的主人，迈克尔·格拉齐亚诺博士恐怕不会同意我的说法。因为凯文的确“存在”，即便它只是个用丙烯酸纤维制成的玩偶。

迈克尔·格拉齐亚诺博士

格拉齐亚诺博士也是普林斯顿大学的一位神经学家，著有《意识与社会脑》（*Consciousness and the Social Brain*）一书。他在自己的课上，用独特的口技表演假扮成凯文，向学生展现洞察的力量。格拉齐亚诺个子高高的，深色的胡子中夹杂着灰白色，眼睛明亮有神，当他把凯文放在手上时，学生一开始是紧张地傻笑，然而几分钟后，他们发现自己不知不觉地就把这只假的大猩猩贴上个性标签了。

睁大眼睛去看表演，即使完全明白这只是一场社交的幻觉，但在某种程度上也可以说，是一个很美妙的体验。我开始时充满怀疑——一只大猩猩玩偶在常青藤联盟？这是真的吗？——可我发现最终还是被它吸引了。凯文说粗鲁的笑话，声称自己是达斯·维达[1]，它环顾房间，看起来并不受主人支配。当格拉齐亚诺把它的手抽出来时，我对它愤怒的长声尖叫忍俊不禁。尽管我知道凯文只是一只玩偶，但有时候，它看起来像是有自己的“头脑”似的。

格拉齐亚诺把这个现象归于他所谓的“注意图式理论”（attention schema theory）。我们坐在他的办公室里，这里装点着一幅色彩缤纷的壁画，内容是一个名叫“科学”的恐龙在吃科学家，他自得其乐地说画中的科学家就是他自己。他对我们解释这个现象的基本原理：因为人类被刺激所轰炸，外部形式的景物、声音，以及其他感官信息和内在的思想、情感和记忆，而大脑不能把每一点每一滴的信息都处理到，而是必须集中到某一些事情上，而放弃关注另外一些信息。人类大脑中的神经元怎样去决定处理什么信息？这就被称作“注意力”。

“我们并不会莫名其妙地开始注意到某些东西，”格拉齐亚诺说，“这是一个大脑处理信息的行为。”

通过将社交意识赋予一只玩偶大猩猩的实验过程，我们知道了注意力是这样形成的。多亏格拉齐亚诺的讲解，才不显得那么机械。

他很快就指出，注意力很难被抓住，而且很有限。我们并没有无限的能力，可以去解码任何一个我们所遇到的刺激，不管是外界的还是内在的。

“在某种程度上，这是一个资源解析的问题。”他说，“在很多方面，你的注意力让你聚焦。你专心于一件事，那么你的大脑就

---

① 《星球大战》的角色。——译者注

有效地抑制或者过滤掉其他事情。”

有时候我们虽然知道大脑已经过滤掉了一些事，但还是难以相信。有另一只大猩猩的实验可以说明这点。这是一个关于女人打扮成大猩猩的实验。

1999 年，哈佛大学心理学家丹尼尔·西蒙斯和克里斯托弗·查布里斯开始规划实验，试图证明，即使我们的眼睛一直睁开并且看的正好是那个方向的视线范围，我们也并不总是能够看见它。这是一种被称作“非注意盲视”的奇怪现象。他们在 1970 年重新设计了一个视频实验，实验内容是一个女人拿着一把伞走过学生在传球的场所。参与学生被要求去数完成了多少次传球。因为太专注做这件事，很多人完完全全忽视了那个女人和雨伞。西蒙斯和查布里斯的新版实验是让这个“突然闯入”更加戏剧性。他们在实验过程中，让女人穿上大猩猩的服装。就和我做的哥伦比亚大学岩墙上字母 C 的实验一样，有一半的参与者没有注意到大猩猩，尽管她在屏幕上和女人拿着阳伞的时间一样长，并且出现了两次，而且她就直直地看着摄像机，同时重重地拍自己的胸，而不仅仅是走过传球的人群。

15 年后，非注意盲视的相关实验都证实，意识知觉需要注意力，而注意力也是有选择性的。如果我们的注意力被某件事情吸引，即使是数数这样的小事，我们也会忽视其他一些事情，哪怕是很大的事情。

非注意盲视可以在任何领域影响一流的专业人员，甚至是那些在工作中需要非常注意细节的人们。哈佛医学院的研究者也做了类似“看不见的大猩猩”实验，他们在很多肺部造影上添加了2英寸的大猩猩的影像，然后让实验参与者在片子上找癌症的瘤。结果83%的放射科医生从未提及片子上有大猩猩在朝他们挥拳头。

有时候，非注意盲视会给人致命的影响。波士顿的警官肯尼思·康利在跟踪一个枪杀嫌疑犯时，不远处有一群警察正在毒打一名男子，男子的头部和肾脏都严重受伤。当联邦当局调查这起攻击时，没有警官承认自己参与其中，甚至没有人承认自己目击了这场攻击。康利被要求证明和承认自己虽然在场，却没有看到这个事件。调查人员不相信这么一个事件会被他忽略，于是康利就被判阻碍司法和伪证罪。他被免职，并且被判入狱3年。

尽管康利只能把他没有看到路途中的攻击归于某种“管状视力[①]”，而最高法院却不会理睬这样的说法。做“穿大猩猩衣服的女人”实验的心理学家西蒙斯和查布里斯认为这位警官是受到了非注意盲视的影响。为了证明这个情况的发生是合理的，他和志愿者一起重新设计了实验场景，要求他们在一名男子后面慢跑并且数男子碰了帽子多少次。带这些慢跑的人途经一个一步步策划好的打斗现场，他们之中有67%的人根本没有注意到打架这件事。西蒙斯和查布里斯把他们研究的成果记述在一篇名为《如果你没注意到搏击俱乐部，你就不会谈论它》的论文中。

我们很容易受到非注意盲视的影响，常常漏掉重要的信息。不过，如果能够训练大脑拥有更强的注意力和观察力，我们还是有能力克服这种天生趋势的。美国心理学家赛缪尔·伦肖做了一

① “管状视力”（tunnel vision）也被称为“隧道视觉”。——编者注

个关于视觉的研究，帮助武装部队在二战中快速地认出敌人的飞机。伦肖认为，真正的观看是一种需要学习的技能，就像弹钢琴、说法语或者打高尔夫球那样。他声称，就像是钢琴家的手指那样，可以训练眼睛看得更好。同样地，发表在《视觉》（*Journal of Vision*）杂志上的多样研究证明，我们通过视觉注意力的挑战任务，从而使注意力容量大大增加。研究刺激的、复杂的、多维的甚至是令人不愉快的艺术能够为我们提供这样的训练机会。

观察艺术

2001 年，耶鲁大学的研究人员证实，用观察艺术的方法，能够有效地提高医学院学生的观察技能。在一项长达两年的，发表于《美国医学会杂志》（*Journal of the American Medical Association*）的研究中，发现那些研究艺术品的人能够显著提高诊断能力，他们的观察能力，特别是探查细节的能力可以提升 10%。耶鲁大学医学院皮肤学教授欧文·布雷弗曼博士称，这 10% 的改善是“有统计学意义的”，因为它表明“你可以在视觉上训练某人，让他更加善于观察”。

来自佐治亚州一个小镇的艾莉森·韦斯特就是一个生动的例子，很好地证明了这一点。我第一次见到她的时候，她还是纽约大学医学院的学生。对韦斯特来说，她在过去的时间里最喜欢的消遣之一就是在艺术博物馆漫步，曼哈顿有很多这样的场所。她虽然不是美术专业的，没有接受过专业的训练去欣赏绘画，但她很享受在自己在艺术博物馆里仔细观看每一张画的过程。所以，当她发现医学院里可以上“洞察艺术”课时，她就很兴奋地参加了。

“我不知道自己已经错过了多少，”她回忆道，“我希望自己是一个观察力非常敏锐的人，可我没有看到就在我面前的哥伦比亚大学的字母 C！我感觉我就好像是戴着有色的眼镜在游荡，那个眼镜给所有东西上色，我却不知道我戴着它。”

在学会“如何观察而不仅仅是看”后，韦斯特注意到，她接触病人和记录病人病情的方法有了显著的变化。

“在一篇典型的报告中，我曾经这样写道：‘中年白人男子倚靠在一张床上，疲倦的眼睛，苍白的皮肤，黯淡的神情，穿了一件医院的长袍，他的周围环境很平常：空墙，床右侧有带血迹的床单。’这是叙述性的描述，但是很冷静，”她对我说，“这门课结束后，我开始这样写了：‘在他的手里有一个纵横字谜，他的旁边有一张印着西班牙语的报纸，在告示板上有一张卡片，上面写着‘爷爷，祝你早日康复’。以前当我看到有鲜花的房间便会联想到病人，现在我会注意那些花是什么花，它们是不是正在枯萎，是谁送给他们的，大概是什么时候送的。”

韦斯特现在还会注意到，什么填充玩具动物会被放在窗台，病人在看什么电视节目，什么书是放在床头小桌上的。

“光是看这些我不曾注意的细节并不会帮助我诊断，”她解释道，“不过它们给了我很多重要的东西：病人为什么住院，何种生活方式对病人最有利，以及他可能会考虑选择哪些治疗方式来减轻自己的痛苦。”

韦斯特就像是当代的贝尔博士，用她最初观察到的东西去揭示更多。看到西班牙语的报纸在病人的旁边促使她去观察他在家里的日常饮食：是不是多吃西班牙菜会让他的状态更不好？他平时以什么谋生？康复之后，他是否可以重返工作？他最喜欢的消遣和爱好是什么？恢复期间，他会不会再一次捡起那些爱好？

“知道他喜欢搭建火车模型，可能对医生来说，看上去是一个并不重要的细节，”她说，“但是生活品质是康复的关键，并且知道他可以重新回到一项他热爱的活动里去，对于一个病人来说是很重要的。”

这对韦斯特来讲也意味着很多。她现在是芝加哥大学医学中心的内科医学专家，并跻身2012年《纽约》(*New York*) 杂志“最佳医生”的行列。

和其他的技能一样，观察技能可以通过实践来掌握。剑桥科学家威廉·伊恩·彼得摩尔·贝弗里奇在他1950年出版的《科学研究的艺术》(*The Art of Scientific Investigation*) 一书中，给出了如下的说明：“观察能力可以通过培养观看东西的兴趣而得到发展，这需要我们的大脑处于积极状态，并且富有好奇心。观察能力的训练和在其他活动中的训练遵循的是同样的原则。一开始，要下意识并且艰难地去做一件事，但是通过不断的练习，最后会变成自动的和无意识的过程，也就是说，养成习惯了。”实践后，这些习惯会变成永久的东西，神经学家认为，练习一项新技能会让大脑的内部连接进行重新调整。所以，从技术和生物学的角度来讲，我们可以训练大脑，帮助我们更好地观看。

我们可以通过做这些练习来改善我们的注意力和记忆力，这两样东西都是观察技巧里不可或缺的。那么，让我们先从学习观察艺术开始吧。

不要往回翻，试想一下在这一章节的开头出现的那幅图，你能想象得出吗？我给你一个提示：这是一幅静物的图，这些物品摊在一张桌子上。

如果你不能清楚记得这幅画，那么，有许多人和你一样。我在课堂上做自我介绍的时候把这幅同样的图很快速地展示给大家，很多人都没有注意。如果你因为就这么翻过页去而不知道我在说什么："图片？什么图片？"那么别担心，仍然有很多人和你一样。我们之中有许多人知道要略过或者跳过开头部分，而直接翻到重要部分，然而当我们那样做的时候，有可能我们就错过了至关重要的有价值的信息。现在，我们就来学习怎样避免这样的错误。

请翻回本章第29页的那幅图。我喜欢这幅特别奇怪的作品，因为你并不需要懂艺术，或者知道是谁、在什么时候、为什么画这幅画，只要欣赏这画面：画面上是一个看似普通的地方，但是最奇怪的是有一只睁开的瞪着的眼睛。请观察它几分钟，然后我们回来。

欢迎回来！那么，你看到了什么呢？我们先来说基本的：桌上有几样东西？是什么东西？试试看，记住得越多越好。

如果你能记住5样东西：一个玻璃杯、一个瓶子、一把刀、一把叉、一个装有一片薄薄的东西并且中间有一只眼睛的盘子，那么，祝贺你！如果你告诉我玻璃杯是空的，瓶子是满的，它们在盘子和刀叉的上方，叉在盘子的右边，绿色手柄的刀在叉的右边，而且眼睛是蓝灰色的，那会更好！

盘子里的食物是什么？我经常听到的答案是“薄煎饼”，但是如果仔细看，你会发现到处都有薄薄的脂肪纹理，到了边缘的地方就会厚一些。这其实是一片火腿。如果你还注意到了玻璃杯上暗红色的污渍，那么给你额外加分。

现在，我们就要真正地开始观察了。翻到前面第29页再看一次这幅图，但这次要看得更加仔细，更加缓慢。请去仔细观察玻璃杯上的污渍是什么样的，思索一下是不是每样东西真的在桌子上。请注意光线在瓶子、玻璃杯和银餐具上的反射。考虑一下物体的影子应该朝哪个方向。是什么造成了反射和影子，我们应该是在哪个位置观看这么一样东西的。观赏一个画面乍一看是那么简单，但是实际上却呈现出一系列复杂的关系：如果玻璃杯里已经有污渍，那为什么瓶子会是满的？事实上，通过不断发现新的问题，通过长时间的观看去发现越来越多的细节，这个过程就让我们意识到了，我们不仅仅是在看，而是已经在观察。

现在，不要往回翻，你自己把这幅画画下来，尽可能捕捉多一点细节，越多越好。你完成了以后，翻到前面去和原图比较，记下你遗漏的细节，并把这些细节再补充到你的画里。

为了更好地加强你的记忆能力，过一个小时后再画一遍，然后再一次地，往回翻，去补充你所遗漏的细节。

你也可以在一个日常的物品上做练习：手表、手提包或者水壶。找一样拥有很多细节的东西，并且切切实实地观看它整整一分钟。然后，把它拿走或者盖住它，再尽可能记录更多的细节：形状、颜色、材质、写在上面的字还有尺寸。最后把它拿来，别只是匆匆一瞥，要注意看更长时间。观看同一样东西 3 次之久，或者是 3 分钟，看看你能多发现多少。用不同的东西来做这个练习，每天做，坚持一个星期，最终你会发现这个训练是多么地提高你的注意力，以及记住所见事物的能力。

你进行的记忆能力训练越多，你就会越擅长，不仅是对于这些特殊的任务，而且对你生活中的观察能力都会非常有帮助。我的一个学生告诉我，她以前锻炼身体的时候，在家附近一边听音乐一边漫无目的地走，什么也不会注意，只是给自己计时 30 分钟。上了我的课之后，她决定要在同样的路上对她的感官进行再激活。改变是令人吃惊的：她注意到了人行道的裂缝，她从来没有看见过的手印以及一条秘密的自行车道。她说这简直就像看东西时“用了新的眼睛”。

同样的，你在所处环境中有意识地注意到越多，那么今后你去启动观察程序就会变得越自然。为了让你开始运用意识的感官，请你在午饭的时候到外面去，把自己放在某一个位置，并且练习观察每一样进入你视线的事物。这样做能够训练自己的眼睛，使你看到的东西会比只是在你面前的东西要多，并且比你以前看到的东西多很多。

亚瑟·科南·道尔小说里的生活原型——约瑟夫·贝尔博士，并没有超感官知觉或是X光视觉。他也没有什么与生俱来的超能力，只是懂得在平时的生活中训练自己的观察能力而已。我们都有这样的能力，只是大多数时候忽略了它。

在20世纪80年代初，费城的内科医生亚瑟·林特根在一个电视节目上展示了他神秘的“读”黑胶唱片的特技，因而在国际上备受瞩目，他被人们称作“能‘看’到声音的人”。林特根能够看着带有令人费解的品牌名称的留声机唱片，仅凭观察它的沟槽就能迅速准确地知道正在放哪一首古典音乐。好多专家在检验其真实性后，最后都得出相同的结论：林特根的能力是合乎情理的。

林特根的能力不仅是识别唱片的名称和作曲家，他还能说出每个作品里有多少个乐章，每个乐章有多长时间，每个乐章的音量和打击乐的冲击力，有时甚至能知道是哪个交响乐团录制的。他能做到这点，并不是通过读取唱片上的音乐，而是通过观察唱片上最微小的物理细节。他注意看沟槽里的间隔、着色和轮廓，然后和他所学的古典音乐的知识联系起来。举例来说，他知道贝多芬的交响乐在第一乐章和第二乐章之间会有一个较长的间奏，并且能够识别这个节奏的类型。

林特根并没有特殊的眼睛，事实上，他还是一个高度近视的人，戴着厚厚的眼镜。他只是很仔细地看唱片并且下意识地观察，直到每次确认作品的过程变得更快、更自然。我们同样可以做到。

但是，这也并不是说我们每个人都用同样的方式看事物。对我们来说，每个人的大脑选择分类整理大量的可用信息时，所用的方式都是独一无二的，这完全取决于我们自己的感知过滤器。要像夏洛克·福尔摩斯那样观察，我们必须熟悉这些感知过滤器，因为不管我们是否意识得到，它们都在改变着我们的观察力。

第 3 章

鸭嘴兽与绅士盗贼

为什么没有两个人会以同样的方式看问题

在将近 10 年的时间里，纽约的鲁宾艺术博物馆举办了一系列以“脑波”为主题的特别活动。活动中请来了表演艺术家、作家、音乐家，他们与神经学家配合，为大众讲解当他们经历事情的时候大脑里发生了什么。我非常荣幸能与来自纽约大学的认知科学家马丽萨·卡拉斯科博士和欺诈学专家阿波罗·罗宾斯共同出席一个会议。罗宾斯身材矮小，左耳佩戴耳环，下唇留有一小撮胡子，这令我想起了在好莱坞喜剧中常见的那个特别认真的搭档。

在演讲中，下面的照片出现在荧幕上。

“你们看到了什么？”罗宾斯问观众。

我真的什么也没看到，所以首先我认为，这幅图片并不是一张照片，而是用来揭示我们精神心灵秘密的某种罗夏墨迹测验[①]。

---

① 罗夏墨迹测验（Rorschach inkbot test）由瑞士精神科医生、精神病学家罗夏创立。该测验因利用墨迹图版而又被称为墨迹图测验，是最著名的投射法人格测验。——编者注

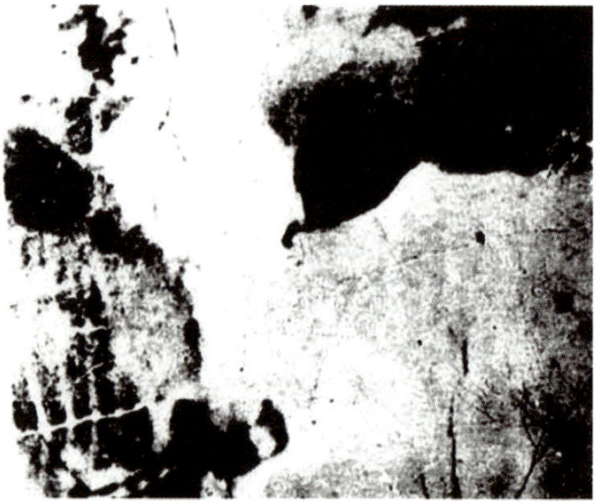

罗宾斯不仅是专业的演讲者，还是一位自称迷人“绅士”的剧场盗贼。他能够在我浑然不知中拿走我手腕上的手环和我戴的眼镜。在演出之前，当他摆着招待员姿势的时候，他对很多观众做了同样的事情——与他们握手并随意地抢劫他们（不过他还是归还了所有的东西）。在成功盗取了前总统吉米·卡特的秘密情报之后，罗宾斯成了一位安全顾问，并在感官知觉方面培训法律执行部门。

现在罗宾斯向我们保证，我们确实在浏览一张真实的未被改变的照片。他甚至给出了一个暗示：“它是一头四只脚的哺乳动物。”

可我仍然什么也没看到。

坐在我旁边的人几乎马上确认了那个动物。她坐回了座位，很满意。我继续看，更加努力地看，我倒过来看，眯着眼看。

坐在我旁边的女人对我小声说：“真不敢相信你看不出来。”

我以此为生啊！我怎么能看不出来？我最后决定猜一下。它是一个鸭嘴兽，我决定了。在你继续翻这本书之前，你自己看一下这张照片。你看到了什么？

这是一张母牛的照片。你现在看出来了吗？

标出脸部轮廓的《伦肖的母牛》

假若没有轮廓，我绝对看不出来这是母牛。可能会是猫，或者鸭嘴兽，但不是母牛。

虽然罗宾斯的课程是关于“错觉混乱”和我们的大脑如何捉弄我们自己的，但是出于其他目的，我在我的课堂上使用了同样的照片，证明没有两个人以同样的方式看事情，即使是在面对事实的时候。

这些年来，我已经将这张母牛的照片展示给了成千上万的人，并得到了许多不同的答案：从前往兴登堡的一条龙，到正在挑选胸罩的女人。虽然大多数人都能看见，但并不是每个人都能看到同样的事物。要是我们看的东西不如黑白照片那样黑白分明的话，这个前提就会变得更加复杂，并且能够得到如此之多的解释了。

伊芙·奥斯特曼

比如，多伦多的一位母亲露丝·奥斯特曼贴出了这张她两岁女儿的照片和她最近的创作，并向在线读者提出了这个同样简单的问题："你们看到了什么？"从世界各地大量涌入的回复五花八门：兔子耳朵，海滨的野花，一棵柳树，一匹突然跃起的设得兰矮种马，一场机器人舞会。

"几乎每一个人都看到不同的形状和线条。"露丝回忆道。

露丝解释了她蹒跚学步的孩子的绘画能力，帮助她实现前些年所设想的"妈妈和女儿的合作"。露丝是一位专业艺术家，她将小伊芙捆扎在她胸口的婴儿包里，并在工作室中如痴如醉地绘画。

随着伊芙的成长，这个幼童就一直待在她母亲的旁边，她最开始玩颜料只是去享受纹理，但是逐渐地，她开始在自己的画布上画画。露丝等不及伊芙成长去跟她合作……直到她意识到伊芙已经长大。

“她会频繁地在我的作品上‘做补充’，有一天我看到她的一幅画，”露丝说，“在乱涂乱写中我看到两个人站在海岸边。”

伊芙的初稿，以及与露丝·奥斯特曼合作的作品：《红船》

露丝用水彩去填满伊芙的简笔画，随之她们的第一幅画《红船》变得鲜活起来。这对母女的组合已经在国际上引起轰动，她们异想天开的肖像画从奥地利到韩国都赢得了赞美。伊芙开始画她自己的每一张素描，通常使用一支墨水笔，她的妈妈根据小姑娘的故事、歌曲以及日常活动，给画面补充细节并且涂上了颜色。

我们每一个人都拿着一套独特的“刷子”去“填写”我们所看到的东西。如果其他人试图去完成伊芙的绘画，结果一定会和她妈妈的有所不同。露丝偏爱并精通水彩，这决定了她将如何诠释素描。像我这样没有艺术能力的人，最可能去使用其他材料——我甚至都没有水彩——并且制作出完全另外一种图像。

很显然，我们看到的事物都会有所不同。但是我们总是忘记这一点，表现出似乎只有一种真实的方式才是正确方式。然而现在我们知道了，我们都受到非注意盲视和其他知觉错误的影响，我们不能假定任何其他人能看到我们所看到的东西，不能假定我们能看到他们所看到的东西，也不能假定我们之中任何一个人能够准确无误地看到什么东西就在那里。

感知过滤器

这世上不会有任何两个人以完全相同的视角看任何事情。从天生的生物基因到我们所学到的偏见，所有事情都会影响我们看待这个世界的方式。作为独立个体，我们不仅以不同的方式观察、注意并收集信息，我们还会用不同的方式去理解。

知觉是我们如何解释观察时所收集的信息的途径，可以将它想作是内在的过滤器。它可以影响或者遮蔽事实真相，或者改变我们认为自己所看到的。

就像观察一样，意识的过程是微妙的、自动的，并且如果我们没有下意识地去察觉它，反而很难被察觉到。现在就想去感受一下它吗？回看一下本章开头的黑白照片。现在试着不要去看那头牛。这不可能。你可以不让你的眼睛聚焦于它或者翻过这页，但是你现在不可能不去看那头牛。为什么？这就是新知识给你带来的作用，因为“这是一头母牛”的认知实际上已经擦掉了你以前的认知了。

这很好地指导了我们的经验，每次我们看、不看以及“不能不看”某些东西，或是意识到我们的意识会多么容易地被改变和拒绝不变，就能够帮助我们去习惯它们。

我们的感知过滤器被自己在这个世界上的独特经验所塑造。每个人都和其他人有所不同，有时候是极为不同。

克莱尔是一位曼哈顿区律师事务所的审讯部门律师，她与丈夫马特以及 3 个孩子住在距离世贸中心仅两个街区的公寓。在“9 · 11”事件的早上，他们一起撤离，匆匆拿走了一些能带走的财产并跳上一辆前往新泽西的厢式货车，他们在那里度过了接下来的几周。几个月之后，她丈夫的叔叔，一位作家，分别与她和她的丈夫谈及他们当天的经历，并对应写下了两份描述。

克莱尔读到它们的时候很震惊。尽管她和丈夫所有的时间都在一起，在同样的地方，在遭受攻击之前、之中和之后都在一起，并且同时离开纽约，但当她阅读这些叙述时，不会相信他们经历了相同的事件。他们没有回忆同样的事情，即使回忆相同的事情，他们的描述也迥然不同。克莱尔回想到，透过灰飞四溅的公寓窗户，看到人们在街上被践踏，被掉落的东西击中，然而马特回忆到，窗户完全被遮蔽，他没看也没想往外边看。当他们决定到外面的过道时，克莱尔谈到她的孩子需要点心和毛衣，然而马特却注意到那些需要凳子的年长居民。马特认为倒下来的塔楼会把他们压垮；克莱尔则坚信烟雾将杀死他们。

他们所叙述的事件有所不同，他们的情绪反应也不一样。克莱尔打电话给近处的同事，并乞讨、恳求、哭着寻求帮助，而马特却是“风平浪静”。马特在电话里和他的叔叔交谈，但是想不起他们的对话内容；而克莱尔仍然能够回想起她打给她在俄勒冈的父亲的永别电话里的每一句话。

他们出版的“关于恐怖袭击和对失去的追忆”的叙述现在仍然能够引起她的共鸣，这是一个直接经验的例子，来说明你自己对于某种情形的感知仅仅是你自己的，而且你永远不能去假设其他人会以你的方式经历任何事情，就算你和他们同在现场。

如果双亲的岁数相同、来自相同的种族和社会经济阶层，以及相同的地理区域，都不能以同样的方式看事物，那么不同种类的人之间的差异就更可想而知了：雇员和雇主、辩护人和原告、共和党人士和民主党人士、老师和学生、医生和病人、看护者和孩子。我们看到的和我们旁边的人看到的也许完全不同，就更不要说在房间对面的、在电话那头的、在世界另一边的人看到的东西了。对我们来说很明显的东西，也许对其他一些人来说却会被完全忽略。

在华盛顿特区的时候，我在课堂上经常使用的一件艺术作品来自史密森尼美国艺术博物馆。这是一幅 9 英尺乘以 6 英尺大小的绘画，画中一个黑人女孩坐在一个书架旁边几个台阶上面的地板上，在女孩的头顶上有两个半透明的云一样的形状，各写了同样的三个字母“SOB”。

很多人一开始想到的是，SOB 是某种绝望或者感伤的呼喊。女孩的表情僵硬，眼神空洞。我向班上的学员提出质疑：SOB 能不能指代其他的意思？我们没有明确的答案。克里·詹姆斯·马歇尔的这幅作品就简单地被命名为《SOB，SOB》。

结果每个人都带来了属于自己的独特经历，有关历史、教育、背景和看法。医学专家告诉我 SOB 的意思是“呼吸不足”（shortness of breath），维修人员则声称这是“老板的儿子”（son of the boss）。对得克萨斯州法律执行人员来讲，SOB 代表“边境之南”（south of the border），对于长期住在岛上的岛民来说，SOB 是在纽约州 135 号高速公路——西福德牡蛎海湾高速公路（Seaford-Oyster Bay Expressway）。我最喜欢的一个回答来自一位青少年的母亲，她说在她年轻的时候，SOB 是“狗娘养的”（son of a bitch）的首字母略词，而且大多数时候都是指男人，而今天的孩子专门用它来指代女孩子，有“自恋的泼妇”（self-obsessed bitch）的含义。

要想在任何事情上成功——不论是一件案子、一次合作还是一个新客户——你不能期待别人能以和你同样的方式看待并诠释事物。如果你不再追究自己观察到了什么，那你就会错过数不清的信息。如果我在看阿波罗·罗宾斯的黑白图片，回答完“我看到了鸭嘴兽”就立刻起身离开的话，我就不可能知道这幅图展示的其实是一头母牛。而且，如果我把我的经验当作事实真相转达给别人，说“阿波罗·罗宾斯给我们看了一幅鸭嘴兽的图”，我就是在传播错误的信息。为了获得对事物最准确的描述，我们需要看到其他人的认知以及识别其他人的观点。

我们如何才能知道别人是怎么想的，或者他们认为我们是怎么想的？我们要做的无非就是去观看公共艺术，尤其是那些当代的雕塑和装置艺术，还有对那些艺术的社会反响。

2013 年 4 月，南非艺术家简 · 亚历山大的展览《调查（来自好望角）》在纽约圣约翰神明大教堂举办，我非常兴奋，并且亲自去看了。半人半兽，几乎全部裸露的塑像就摆放在圣坛前、中殿、庭院和窗台。有一个长着猿人脸的年轻男孩，一个长着狗头的男人，一个没有翅膀的长嘴鸟，一个穿着白色长袍、戴着金色冠状头饰、手臂是树枝假肢的猫头女人。有些半人半妖坐在子弹盒上，另一些被蒙着眼睛、五花大绑着的人，正在用绳子拖拽大砍刀和玩具箱，把这些东西拴在绳子末端，就这么拽着。

这些奇奇怪怪的雕塑被放置在用于祈祷和精神安宁的地方，对我来说是一个非凡的体验。我所记录下来的东西都是客观看到的。然而，并不是每个人的观察都这么客观。一部分人觉得很愉快，但也有一部分人觉得很恶心。《纽约时报》赞扬这场展览“非常精彩”“充满奇异的美”，并认为这个教堂的布置再完美不过了。可是，另外一些评论家却觉得，把这个展览放在人们做礼拜的地方是破坏性的、令人不愉快的。

当然，并不是所有人都会喜欢相同的东西，我们都是具有主观性的人，但是，重要的是，我们要注意到，主观性会对我们看到的“真相”有所影响。虽然每个访客看到的都是同样的布景，他们却看出了不一样的东西。有人觉得一把生锈的镰刀是肥沃的象征，但也有人觉得它代表着毁灭。哪一个看法是正确的呢？哪个都不正确。除非那把镰刀被标注了是这或是那，但是并没有，所以不能证明任何一种看法是正确的。唯一客观正确的答案就是：

生锈的镰刀就是生锈的镰刀。把它称作任何别的东西，都是在改变事实真相。

看看这个展览中的一张照片，你看到了什么？对你来说，什么是突出的？

简·亚历山大的装置艺术《野兽步兵》，
于圣约翰神明座堂，2008~2010

现在，来想想有多少人会根据他们自身的经验、偏好的优先次序、职业，而给出不同的答案。一个经常去做礼拜的人会关注背后华丽的浮雕，而一个零售业者会关注雕塑的鞋子尺码。学习人类学的学生也会和怕狗的人看法不同。认知也根据一个人的价值观、教养和文化而形成。我们自然倾向于注意到狗头人身的裸体，这会影响我们是否注意到那些超长的手臂。那么，一个学习医学的专家又会如何看待雕塑的肋骨呢？组织顾问又会对这组生物排列得如此整齐发表怎样的看法呢？更重要的是，他们能够注意到互相之间的关注点吗？内科医生能注意到排的队列，而顾问能注意到肋骨吗？

因为我们和不同的人一起工作和生活，我们需要去习惯别人看待问题的方式。为了测试我们是否能够意识到他人的认知，让我们来看看另一座雕塑的照片。你会怎么描述他的表情？你认为一个在试用期的警官会怎么描述它？大多数的缓刑和违规假释常常和毒品有关，他也许从雕塑闭着的眼睛、懈怠的嘴巴和懒惰的向后仰的头，推理出雕塑人物可能沾染了毒品。那么，一个受到过性侵犯的受害者呢？她也许会觉得雕塑的头是故意翘起的，而不是后仰的，会觉得眼睛是立刻闭上的，并且，张开的嘴巴预示着一个危险情况。

托尼·马特里，《梦游者》，2014

2014 年 2 月，托尼 · 马特里的一件作品亮相于威尔斯利学院，一个逼真的男人穿着内裤，并引发了截然不同的意见。关于这件作品的争论覆盖了从《时代》（*Time*）杂志到印度的《国际财经时报》（*International Business Times*）的各大媒体，引来了很大范围的反响，从在山寨推特发表评论到向这件作品提出抗议、写请愿书的都有。有的参观者取笑这座雕塑很搞笑，并且公然被逗乐，于是用帽子和服装去打扮它，而另外一些人觉得这个雕塑太吓人，要求把它挪走。有人把这座雕塑看作是失落的、博取人们同情的，但另外一些人则认为这座雕塑会吓到别人。

这件作品不是一个表演的片段，而是用青铜做的没有生命的模型。在它静止不动的脸部表情里，有人看到了感伤，有人看到了恐吓。

虽然我们知道每个人看待事物都是不同的，但是我们仍然不信。这位艺术家本人在不经意间就成了例子。他承认："每个人都带着自身的经历、政治以及自己希望和恐惧的东西来观看艺术作品。"他还推测说："我觉得人们也许会看到一些原本在作品里没有的东西。"

马特里也许无意把情绪、政治或者讥讽注入他的作品中，但是观看的人们还是会带有自己的看法。我们不可能都用同样的方式看事物，当我们不再一味地忽视"不一致"的存在，并且能够认识到这一点，那么，"我们看到的东西不一样"所带来的争议和矛盾就是可以缓和的。

仅仅是知道有多少因素会形成认知，而认知又会影响所看之物，就会帮助我们减少沟通不畅和误解，也能够在别人看不到我们所看到的东西时，降低我们的不适感。事实上，他们不会看到我们所看到的。没有人能够像你一样地看东西，除了你自己。

透视我们的潜意识过滤器

既然我们都有透过强大但无形的感知过滤器来看现实世界的缺陷，那么我们就必须找到更精确的现实生活图景来作为补偿。我们可以做同样的事，同时它也会提高我们主动观察的能力，这件事就是：练习。

就好比，我们下意识地去处理看到的和想到的事，完全取决于大脑的神经连接，那么，我们潜意识里的事情也是如此。每一点信息，不管我们是否意识到，都会沿着我们的神经回路经过，这个神经回路会变强或者更新。这些连接如此强大，而且可塑性还很强，比如，某些运动就可以带来物理变化，就是同样的道理。

俄亥俄州克利弗兰市的克里弗兰诊所的实验家们，对人们增强手指的力量进行了研究。研究表明，人们仅仅凭智力训练而没有任何的体育运动，也能够让手指的力量提高 35%，那么请想象一下，一天训练手指 15 分钟，训练 12 个星期会有怎样的效果。没有体育运动，肌肉也可能增长，那是因为，这些行为的内心演练同样是在激活大脑皮质，效果和体育运动是一样的。同理，智力训练能够影响被潜意识所控制的做事程序，因为，它们走的是相同的神经回路。奥斯陆大学的科学家们发现，尽管人们不能以自己的意志调节瞳孔的大小，但是当人们想到一束虚拟光的时候，瞳孔会缩小到 87%。

我们可以努力避免自己的潜意识陷阱，比如说我们的认知过滤器，通过把它们带到我们的意识中来，只要我们加以注意，就能办到。当我们能够意识到发生在潜意识里的正常过程时，那些过程就能跑到我们的意识里来。一旦这些过滤器来到了我们的意识里，我们就可以处理、整理它们，有必要的话还能够克服它们。在我们完全掌握这些新技能后，这些都能够变成潜意识里自动运行的程序，我们就能够在感知过滤器里观察事物，并且自动地找到那些显著事实。我们都有过系鞋带的经历，所以都明白一开始这个动作的程序需要我们主动思考并且精力集中，而当我们练习后，即使不去想，甚至闭着眼睛都可以系鞋带了。

让我们通过更仔细地观察自己的感知过滤器，去开始整理它们吧。思考一下，什么因素会无意中影响你所看到的东西？比如说，分析一下你对马特里雕塑的反应。它给你什么感觉？可笑的？生气的？矛盾的？答案不分对错，我们都有自己的感受，要是你看到有人用喷印损坏它，你有什么感觉？要是你看到有人在它旁边哭泣呢？

我们的感受受到个人经历的影响，这些经历也会反过来影响我们的感知过滤器，歪曲或者强化我们看事物的方式。通过问自己关于《梦游者》（马特里的雕塑，上一节中出现的只穿内裤的男子的雕塑）的问题，想象你的回答，去了解你自己的感知过滤器，如果你对任何一个问题的回答都是“是”的话，请注意记录其中的细节。

我有没有被……所影响

• 我自己或者亲近的人的经历？

• 我过去所在的地理位置、物体的远近或现在所处的位置？

• 我的价值观、道德、文化或者宗教信仰？

• 我的教养或所受的教育？

• 我的职业抱负、野心或者失败的经历？

• 我个人的渴望、野心或者失败的经历？

• 我天生的好恶？

• 我在经济上的经历或前景展望？

• 我的政治信仰？

• 我的生理状态（疾病、身高、体重等）？

• 我目前的情绪？

• 我认同的圈子或我所属的组织？

• 我使用过的媒体：书籍、电视、网站？

• 朋友或同事传递给我的信息或印象？

我想用自己的回答来帮助你开始回答这些问题：

马特里雕塑给我什么感觉？

有点不舒服，因为它太逼真了。我个人并没有被它吓到，但是我能够理解为什么别人会被吓到。

如果我看到有人用喷印破坏它，我是什么感觉？

我会感到不适，我认为这是故意破坏艺术作品的行为，并且我不觉得这是你表达不同意见的可行方式。

如果我看到有人在它旁边哭泣，我是什么感觉？

我会关心，尽管我很难相信哭泣的人是因为这座雕塑而不安。

我有没有被……所影响

我自己或者亲近的人的经历？

是的。我想到了我的一个好朋友，约会以后下了男朋友的车，在车库里偶然看到了一个奇怪的男人在等着她。那个男人试图强奸她，但是她咬掉了那个男人的指尖得以逃脱。我又想起了另外一个高中朋友的姐姐，她就没有那么幸运，她在基督教书室的后面上班时，有人攻击她，强奸她，她就没能躲开。我还想起了一个大学教授在骑自行车去法国乡下的路上遭到强奸，还有一个好朋友的女儿在走回大学宿舍的途中也遭遇了性袭击。我能很快地回忆起很多女性遭遇的性侵犯事件，这让我感到深深的困扰，并且让我质疑把这座雕塑放在一个女子大学的校园里的恰当性。我可能不赞同，但是引发这样的不同争论我也是理解的。

我过去所在的地理位置、物体的远近或现在所处的位置？

是的。我现在在我的办公室里，非常安全，离这座雕塑也很远。这很可能就是为什么我会觉得它吓不到我，因为它不在我面前。如果我离它很近，并且看到它的尺寸是和实物一样大小，可能比我还要高时，也许会改变我对它的认识。

我的价值观、道德、文化或者宗教信仰？

没有。

我的教养或所受的教育？

是的。我的专业是艺术史，而且我从事艺术以及相关的工作很多年，所以很可能我对雕塑的熟悉程度超过普通人。可能和没有类似背景的人相比，我看到这座雕塑的时候，更不容易产生情绪上的触动。

我的职业抱负、野心或者失败的经历？

没有。

我个人的渴望、野心或者失败的经历？

没有。

我天生的好恶？

是的。虽然我不想承认，但是我并不喜欢秃头男人。这只是关系到个人品味和审美，但是我现在承认这一点，所以我能够想得到它会如何影响我对这座雕塑的认识。

我在经济上的经历或前景展望？

没有。

我的政治信仰？

没有。

我的生理状态（疾病、身高、体重等）？

是的。我是一个中等身材的女性，这座雕塑的尺寸也是中等身材的男性。如果我是个男人，我可能会对这座雕塑有非常不一样的反应。

我目前的情绪？

没有。

我认同的圈子或我所属的组织？

没有。

我使用过的媒体：书籍、电视、网站？

是的。我读到了很多对马特里雕塑提出抗议的文章，包括一些学生写的请愿书。

朋友或同事传递给我的信息或印象？

是的。我的一个朋友告诉我说，她觉得这座雕塑“使人毛骨悚然”，我本来不会用这个词去描述它的。

***

我们越熟悉会改变我们洞察力的东西，洞察力就会变得越机敏、准确。当你被要求客观地报告一样东西时，问问你自己，是不是报告了自己观察到的而且未经加工的信息，或者是观察到的信息已经经过了个人经历的过滤器，从而变成叙述性的假设了？

观察是对事实真相的探究。我们知道自己有感知过滤器，它会影响或者遮蔽我们看到的东西，我们也知道，别人也有别人的感知过滤器。但是我们想要去挑选的，就是事实真相。有时候我们的感知过滤器会把观点假扮成真相，就像对马特里的半裸男雕塑的观点那样：一个受到过创伤的参观者看到这座雕塑那高举的手时，会认为那是凶恶的，《行尸走肉》的剧迷会把这座雕塑看作是僵尸。两者都不能称作“事实真相”，正确的描述应该是：这座雕塑的男人高举着手，双臂张开。它是迷失的还是好色的？都不是。就是一个秃头的男人穿着内裤。你觉得他令人毛骨悚然，只是你的主观感受。你要用客观的原因去解释“为什么他令你感觉毛骨悚然”，这会有助于你对那些“仅仅觉得这座雕塑很好笑”的人列举事实。

在探索事实真相的时候，我们需要把主观的探索和客观的探索区分开来。在下一章，我们会更加细致地学习主观性和客观性的概念。我想在这里强调，主观的过滤器和主观的发现并不一定就没有用。我们不必自动地把它们撵走，而是要让别人看事物的方式带领你去发现自己漏看的信息。如果有人诱导我，我可能会发现我被这座雕塑的手指甲长度弄得心烦，另一位观察者也许会用我所看到的东西去检验她在这座雕塑上所看漏的东西。开健身房的人或许会指出，这座雕塑鼓出来的腹部；足病医生或者患有足疾的人或许会注意到这座雕塑非常奇怪的姿势。一个 6 岁的孩子也许会关注这座雕塑的一些不同方面，而海纳斯（Hanes，美国服装品牌）公司的老板则会关注到另一些方面。要去挖掘尽可能多的信息，不要对任何东西闭上眼睛，就算是面对别人的主观性也不要视而不见。

最常见的感知过滤器

我们一开始观察任何事物时，总是倾向于主观去看，尤其是当我们需要收集那些特别的信息来帮助我们实现个人意愿或职业抱负的时候，我们容易受制于这样的弱点。不论你是为了谋生或者只是研究某一事件，请确保你在观看一件事物时，并不仅仅是因为你想看到或者出于你的工作需要。

只看我们想看的东西

这个非常普遍的过滤器被定义为许多不同的名称，包括：认知偏差、确认偏向、自我中心偏见、期望愿景以及管状视力。它让我们在收集信息的时候存在选择性，从潜意识里寻找那些能够支持我们经验的信息，而屏蔽掉那些不能支持的信息，这样并不好。这是一个在很多领域里都会有的陷阱。警察在办案时认为某些案件就是某个民族的人干的；记者只采访那些能够支持他们对于某一话题观点的专家；学者做案例研究，却只将其设计为能证明他们的学术假设的形式；经理给员工进行评估，却只把注意力集中在那些支持他们以前对某一个员工的固有印象的事件，而根本不去看其另一面；我们都能看到这个陷阱。家长也会犯同样的错误，他们遇到孩子的反常行为时，也为此苦恼，因为他们对孩子的表现总是有个惯常的印象。

我们找到了带有个人色彩的证据，证明一厢情愿地看待事物会形成感知经历的“频繁的幻觉”，这个幻觉表现在：当我们开始知道了某样东西时，会突然发现到处都能看到它。比如说，你买了一辆新车，然后你就会看到到处都是同样的车。并不是说同样的车突然就在马路上多了起来，而是因为你以前并没有注意过它们。到了这本书的最后，你会发现同样的事情也很有可能发生在艺术上。在你被要求仔细地观看艺术作品以后，你可能会注意到原来到处都有的艺术图像：谷类的广告里、雨伞和笔记本电脑的套子上。你碰到艺术作品的频率并没有无端地增加，那些图像以前也一直在那里，你只是开始注意到它们了。这和你新的观察能力的提高有关，于是你就不再把它们屏蔽掉了。

从广义的希望达成的角度上来讲，认知偏差相对容易理解：她极度希望那是真的，她就用那样的方式看待事情。鲜为人知的是，我们的偏好也会改变我们看待时间、东西的材质，尤其是关于尺寸、长度或距离的认知。世界各地的研究者在做实验的时候发现，我们有“希望让东西比它们实际上看上去大一些或者近一些”的渴望。在荷兰，参与者被要求猜测一款巧克力麦芬蛋糕的大小；节食的人把它看得比不节食的人要大，那是因为节食的人总是在计算卡路里，但他更渴望吃到蛋糕。在纽约，参与者看到一个水壶，并被问到这个水壶离自己有多近；相比较而言，那些更口渴的人认为水壶离他们距离更近。

虽然我们趋于主观的观看在很大程度上是无意识的，但我们仍然可以减小它对我们的影响，只要我们懂得，对某种结果有所期待会给我们一个预设，从而使我们更努力地去寻找那些可以支持我们期望的东西。认知偏差尤其普遍，它给我们一种自我确认和自我放大的感觉。想要确认你没有把你的渴望和实际情况混淆的时候，要问自己两个问题：“这个信息和我一开始想得一致吗？”以及“这个信息会让我在个人方面或专业方面获益吗？”不过，即使两个问题的答案都是“是”，你的发现仍然可能符合事实。但是无论如何，当你把你的期望直率地讲出来，你会在收集信息的过程中增加更多的透明度。

看到的东西受他人话语的影响

有时候别人会给我们的观察里加上感知过滤器。当我们去寻找那些自认为需要找的东西时，我们对于探索真相的初心可能被迫妥协。如果在给你看这张照片以前，我告诉你简·亚历山大在圣约翰神明大教堂的展览因为淫秽而被责难，你很可能就会更快地注意到狗头人的裸体塑像。如果我在给你看托尼·马特里雕塑的图片之前，告诉你“一个男人将走私的珠宝藏在内裤里”的故事，你也许就会首先去注意他的穿着，注意在那里凸出的部分了。即使我们没有意识到，实际上，我们看事物常常会受到他人话语的影响。

为了避免这种过失，我们要特别注意任何外界施加在观察力上的建议和约束。弗吉尼亚大学护理学院的一个学生到我这里来听演讲，她讲到，通常的医学实践里的“只把‘异常’情况记录在图表里”的做法反而造成一种很“异常”的约束。为了简化病情记录并且使医生能够更快地回顾病人的病情发展，“只把异常情况记录在图表里”要求工作人员们记录异常的发现或者是相对而言不正常的情况。结果，医生和护士就试图对他们的发现加以限制，尤其是从前一批的工作人员开始，图表就被放入了视窗系统驱动程序里，其实他们在记录的时候，已经对他们的发现加以限制了。

不要只关注图表，而是要深入到患者中去。患者看起来如何？患者对你的反应是什么？把同样的原则应用到任何领域、任何形式、评估体系或者标准化的报告中去。但小心别让它将你束缚了。你最初的观察要尽可能地公正、不受限制。如果一个经理人把注意力放在一张评定员工的准时性或者盈利能力的表格上，她也许会错过其他一些可以反映员工表现的基准点，比如说员工的着装、行为举止或者肢体语言，要看到表格以外更加长远的东西。把全部的注意力都放在基准点和评定表里，就会在一开始限制你去获得完整精确的分析。

因此，我不让班上的学员去看博物馆里艺术作品旁边的标签，而且不马上告诉读者出现在这本书里的作者或作品的名称，因为标签会自动形成观点并且给人先入为主的观念。如果我马上就告诉你第 50 页那幅黑白的图叫作《伦肖的母牛》，你就会错过一次不受人左右地无拘无束观看这幅画的机会，也很难认识到这件事让你学到的东西。如果你事先就知道托尼·马特里的雕塑叫作《梦游者》，你就很难把那个人想象成一个主动的干扰者，或者去理解为什么有人会这么去看他。

我带一群政府人员去史密森尼美国艺术博物馆，当他们站在一幅作品前——一堆光滑的圆球堆成金字塔型，每个球都裂开一半，每个裂开的圆球里都有一张人脸——有位学员说他看见了新生命从蛋壳里出来，另外一个说他看到了炮弹里死亡的面具，还有人说圆球让他想到了俄亥俄州七叶树糖[①]，把一半的巧克力沾上几勺花生酱。要是他们事先知道这幅作品的名称是《纪念》[②]，那么可能每个人都会偏向战争和阵亡去考虑。但我并没有这样做，所

① Buckeye candy，是只有俄亥俄州和附近才有的食物。——译者注

② 指纪念战争中的阵亡人士。——译者注

以我们就有了更多样的答案，并且知道了第三个参观者来自俄亥俄州，而且他饿了。那么，这些无关信息也有相关性或者有帮助吗？当然是有的。它开启了一扇个人经验的门，这原本不是一个会受到个人影响的环境，这扇被开启的门能够让同僚以从未有过的角度来看他，把他看作了小时候在俄亥俄州厨房里看到妈妈做七叶树糖的那个小男孩，因为这位观察者童年的经历会通过他对雕塑的观察表达出来。

要想获得对于任何一样东西完整而准确的描述，我们需要汇总所有在各个视角里可能收获到的信息，然后就可以整理、区分优先次序并且懂得它的意义。标签或者是事先写好的描述以及已经存在的信息在这个时候也可以被我们放入信息的收集之中，但是必须是在我们亲眼所见之后。所以，顺序是这样的：

先看

↓

讨论是不是还有别的既存信息或观点

↓

再看一次

我们看东西大致会看两次：第一次是在没有任何外部影响的情况下看，第二次则是在添加了新的信息之后再看。你先观察在本章开头的那幅画，没有什么外部影响，而现在你有了更多的信息：这幅画叫作《伦肖的母牛》，回过去再看一遍。这个名字对你来说有什么意义？或者是否听上去熟悉？伦肖其实就是赛缪尔·伦肖，我们在上一章也提到过他，他是一个视觉专家，他所做的迅速辨认敌军飞机的系统，在二战中被用来训练了 285 000 个准飞行员。

伦肖曾经突然拿出他那关于旅行者的拙劣印刷图，给俄亥俄州立大学实验室成员看，并让他们猜那是什么。几乎所有的成年人都猜错了。有一位研究伦肖在战争中贡献的记者把握十足，他说那是一张欧洲地图，而这仅仅是暴露了他的认知偏差。相比之下，伦肖把这幅图给每个小孩子看，他们都马上能说出来那是一头母牛。为什么？多亏了相对不足的经验和不易受人话语影响的习惯，小孩子没有那么多阻碍他们观察的感知过滤器。

看不见变化

在支配我们的 3 个感知过滤器里，我们要进入的最后一个过滤器是“对于变化的盲目”，也就是在我们的视野范围内看不到波动起伏。“看不见的大猩猩”实验中的心理学家和绅士盗贼都戏剧性地、公开地向我们展示，我们是多么容易上这个过滤器的当。

丹尼尔·西蒙斯和他的同事们做了一个实验，让一个人向一所大学里的行人问路。当他们正在说着话时，两名男子拿着不透明的门从他们中间走过，在重新看到对方时，那个问路者已经被悄悄换成了另一个人了，但只有 50% 的指路者意识到人被换了。阿波罗·罗宾斯在国家地理电视节目《脑力大挑战》（*Brain Games*）中出现并担当顾问，这期节目通过在拉斯维加斯酒店发生的一段插曲，说明了对于变化的盲目问题。当嘉宾和一个酒店服务生谈话时，服务生把笔掉在了地上，然后弯下腰去桌子后面把它捡起来，那时，捡完笔出来的人已经换成了另一个人，可是只有少于一半的嘉宾注意到人被调换了。

我们的大脑每秒钟会遇到大约 1 100 万比特的信息，而我们可以处理和关注的信息是极为有限的，所以对于变化的盲目，也就不觉得很吃惊了。要想和它作斗争，有一个方法就是：意识到每样东西都一直在变，即使那些变化对我们来说太小，以至于不能及时发现。想象一棵树，你看不见它在生长，但是它依然在生长，也许只是以一年长高一英寸的速度缓慢生长。你可能每天经过一棵相同的树并且认为它看上去是一样的，但是如果你更仔细地看一看呢?

马克·赫希，《那棵树》，2012 年 3 月 14 日

马克·赫希，《那棵树》，第 320 天：2 月 6 日

马克·赫希，《那棵树》，第 51 天：5 月 13 日

马克·赫希就做了这件事。他驾车路过威斯康星州普拉特维尔的一棵树，他在 19 年里每天都会看到这同一棵树。尽管他是个职业摄影师，但他没有想到要去给树拍个快照，直到有一天，他有了一台新的苹果手机。1 月的一天晚上，当他经过这棵树时，看到了它银装素裹的一面，他在路边停下车，准备试用一下新手

机的数码拍照功能。在照片里，高耸的大果栎从麦田的边缘耸起，他被这幅照片深深地打动，于是就开始了长达一年的拍摄，每天记录这同一棵树。

尽管赫希的住所离那棵树只有 1 英里，而且已经看过它几千次了，但当他真正花时间细细地观察，他发现这棵树以及它所在的熟悉的山谷，简直是“充满奇异和精彩发现的他乡”。

我们调查任何场景，认为它还是和我们先前看到过的或者做过的一样，那么我们就是在用感知过滤器看待它，那样的话，我们就更难发现任何变化了。最终蒙蔽我们的东西让我们漏看重要的细节，让我们进入大脑的“自动巡航系统”里，甚至出现更糟糕的情况，让我们变得对自身的专业知识、能力或者安全性自以为是。那就是危险快要到来的时候了。我曾有一位学员是个侦探，他承认，经常在到达现场进行调查前，就觉得“我知道这个犯罪现场会是什么样子的”。当然，他已经工作了好几年，这个感觉也是很自然的，而且我们都会这样。但是，我们却不可以这样。当医生、警官、老师说“我以前看到过这个”的时候，他们错了。他们也许看到过相似的，或者与类似的事情和人打过交道，但是那并不是在他们面前的那个新的事情、案例或者人，以前也没有出现过。想一想赫希之树的照片：它可以是同一棵树，但是天气、湿度、光线并不会一模一样。瓢虫从来不会用完全相同的方式、以完全相同的脚步、在完全相同的时间爬过树皮，每一次都会和以往不同。

没有两份工作、两个教室、两个犯罪现场、两名顾客、两位学生、两位病人、两个人或者两个问题是一模一样的。没有也不可能有两次同样的肺炎、两个相同的二年级学生，或者两桩相同的生意。每个人和每个场合都是独一无二的，我们要认真地对待，否则就会看错它们，欺骗我们自己。

幻觉的艺术

幻术家和魔术师都利用了诸如“对变化的盲视”和“认知偏差”的感知过滤器来娱乐我们。能说会道的人和骗子也是用同样的办法对我们进行欺诈。用阿波罗·罗宾斯的话来说，最好的防止被欺诈的办法就是“知道你在面对一个盗窃手法娴熟的小偷时，自己总是不堪一击的”。

对于大脑跟我们要的花招，我们也可以说同样的话。我们很容易被无意识和一直在进化着的过滤器伤害，如果我们不能承认并检验它们的话，它们就真的会伤到我们。为了武装自己去对抗这些过滤器，我们首先要认识它们。一旦我们唤醒自身的“感知镜头”，那么我们就能够看透这些感知过滤器了。

第 4 章

达美航空公司的空乘人员在空中这样做

客观监视的人物、事件、时间和地点

一个平常的星期六，高档大型购物中心里挤满了来购物的人。学生、带小孩的母亲、商人、情侣，有各个年龄层、不同种族的人，在这幢琳琅满目的5层的购物天堂里漫步穿梭。在购物中心的中央，明亮的赤褐色电梯在阳光下交错移动。在有穹顶的中庭，游客可以试吃酸奶、看电影，或者追赶最热的时尚潮流。这个大

型购物中心包含超市、银行、娱乐场、电影院和八十多家店铺，是一座 35 万平方英尺[①] 的综合设施，所以，有很多东西可看，很多事可做，甚至有点过于丰富了。

2013 年 9 月 21 日，4 名歹徒从购物中心的行人入口走进去，开始投掷手榴弹。他们一进来，便有其他几个人混入了他们中间，并开始用自动武器向每个人射击。在 4 天的时间里，这个小小的恐怖团体——也许只有 8 个人——围攻了肯尼亚的内罗毕西门购物中心，导致68人死亡，超过175人受伤，大楼也被他们炸毁得所剩无几了。

这一小撮人是如何做到把几百人困在那么大的时尚购物中心里的？因为当地人、游客、店主、购物者和执法人员都没能做到彻底观察和有效沟通。

当地居民收到了被困在购物中心里的朋友的短信后，赶去购物中心实施救援，却发现没有特种部队和指挥中心，政府也没有做出协调反应。购物中心的保安队已经逃离，商场里面的银行保安人员畏缩在角落里。袭击开始数小时后，警方仍旧没有设立包围圈，致使许多人怀疑第一批攻击者里的一些人早已轻松逃出犯罪现场了。

警察和士兵终于出现后，彼此却不能相互沟通，因为他们的收音机设定成了不同频率，而且没有夜视护目镜让他们在天黑之后的行动受阻，没人找得到建筑物的设计图，因此一度救援不力，救援人员获得地图的唯一方式就是把西门购物中心网站上的地图

---

① 1 平方英尺约合 0.09 平方米。

打印出来，而当事件发生后，全世界的人都涌向西门购物中心的网站去寻找资料信息，导致网站崩溃，所以就连这唯一的地图信息都没有了。

贯穿整个围攻事件，受害者和当局要面临的最大挑战是把好人和坏人区分开。这种情况下，拿着枪的不只包括袭击者——其实好人和坏人都持有枪——拿着枪的还有不值班的警察、当地的枪支俱乐部成员、一名街道看守员、一名英国特种空勤部队的军官、携带枪支的平民。他们的制服和语言各不相同，袭击过程中，恐怖分子还换过衣服。当听说武装分子把穆斯林的人质放走之后，其他的人质便开始互相分享衣服，以伪装自己的国籍。当地的肯尼亚警方还把自己的便衣警察错当成袭击者给误杀了。这样致命的混乱使得他们进入大楼的时间晚了好多天。

救援人员内部也起了争论，恐怖分子则在购物中心里用之前藏匿起来的军火再次储备武器，用了 4 天时间，找到藏起来的购物者，并对他们进行残酷的审讯和迫害。

如果事件发生时，你就在购物中心里，你会怎样？如果你爱的人在里面呢？西门袭击事件是一个公共暴力的极端案例，但它并非绝无仅有。从 2005 年到 2012 年，世界上发生了 16 起购物中心的枪击事件，其中有 12 起发生在美国。2015 年，索马里的组织“索马里青年党”纵使他们的追随者在美国明尼苏达州展开一场像肯尼亚购物中心枪击案那样的袭击事件。

遗漏关键信息或错误处理重要信息，不仅关系到人身安危，还关系到我们的职业声誉和公司的收益。小到邮件收发，大到董事会会议，如果处理不当，会从各个方面侵蚀到一家公司的价值，比如股票、财政、工作的进展、客户的信任。如今的数字时代，有关公司危机的消息瞬间就能传遍全球，它所带来的影响可能要很久才能消除。据富而德律师事务所（Freshfields Bruckhaus Deringer）的全球性调查显示，在发生危机的一年后，有53%的公司的股价仍旧恢复不到危机前的水平。

虽说危机是严酷的考验，并且很快就能曝光组织的失败，但我们要分类说明和表述我们所看到的东西还不只是刚才说的这些情况。不论关乎到我们的生命安危还是生计保障，我们都必须有能力去客观地评估我们所在的环境，理清事实，把最重要的信息找出来，并把有用的信息有效地发送出去。那么，让我们来研究一下，怎样一步步地操作，可以让我们对未来做好更充分的准备。

事实 VS 虚构

我们在上一章已经学习了感知过滤器的知识，知道了它有时会让我们把假定的东西错误地当作事实真相。下面，我们将学习区别这两者的方法，还是这本书里讲到的方法——分析艺术作品。我们先来看一看这两幅图：

两幅图中都有一个坐着的白人女性，短发、露着双腿、俯视下方。这两幅画看起来很像对吗？或许很像，因为它们是出自同一个画家——爱德华·霍珀之手。但请注意，不要根据这一点点信息就草率地下结论。

再看一看这两个女人：

这是同一个女人吗？实际上是的，她是莫德·戴尔，一位富有的艺术赞助商的妻子，这位赞助商让两位不同的艺术家来画妻

子的肖像，所以这并不是出自同一位画家之手，左边这幅是法国画家费尔南德·莱热所画，而右边这幅是美国画家乔治·贝劳斯的作品，比左边那幅画早 16 年。

为了能够从我们观察到的事物中成功收集到信息，我们不能仅凭一种感觉、扫视一眼，或者依靠过去的经历，而假定某件事怎样（包括某人是谁）。同样地，在很多情况下，比如为经济问题提供解决方案，训斥员工，或者结束某段关系，如果太快或者太早地做出行动，不对事实真相加以确认，都是有害的，有的时候甚至是致命的。

内罗毕西门购物中心枪击案的过程中，被困的购物者错误推断了武装人员的身份，付出的代价是惨痛的。警方、参与救援的市民和袭击者都全副武装，而且穿着相似的衣服，因为恐怖分子经常穿着看上去很正式的制服，而很多便衣警察却穿着便装。躲在纳库马特超市里的幸存者详尽叙述了在几小时后，这一组持枪人员是如何就位，如何向大家正式宣布自己是救援人员，并且叫大家从躲藏的地方出来的。而那些走出来的人们，满怀感激，高举手臂，却被这些假扮好人的恐怖分子给击倒了。

不能仅凭有人说了一些什么“是真的”就信以为真。人会说谎，而且我们刚刚已经学到，有时亲眼看见的东西并不一定就是事实。想要确定一件事是否为真实情况，你需要做多次核实。

我只身一人去世界各地演讲，自我感觉是非常善于保护自身安全的。可是用一些专业执法者的话来说，我显然做得还不够好。有一次，我到达宾夕法尼亚州葛底斯堡的一个火车站，联邦调查局在做培训活动，我要在那里做演讲。我收到一条他们安排给我的司机发来的短消息，说车在外面等我，是一辆灰色的丰田轻型敞篷卡车。我一下就找到了那辆车，兴高采烈地把行李给了那位友善的司机，然后坐进车里。车门关上，我们也出发了，这位司机说的话却让我很意外。

“我原来期待你会问我更多。”他说。

问更多？此话怎讲？

“你还没有向我确认身份。”他继续说，“我可能会是任何一个人。”

“可是我收到了短信息，上面写着车的品牌和车型。”我弱弱地抗议。

“这辆没有任何标记的卡车吗？”他说，“你看看有多少类似的灰色卡车停在火车站外面。”

我不知道。“但是你发短信给我了。”我又开始说。

“那你怎么知道发给你短信的那个人就一定是我？”他问，“你的电话号码很容易就能被人查找到。如果有人想要绑架你，你肯定会让人得逞。”

他当然是对的，我也因此吸取了教训。我们的确需要变得更警惕，不能没有戒备心，因为罪犯和我们的对手是不会放下警惕心的。

我们还必须记住，外表也是具有欺骗性的。一个人看起来是在向你伸出援手，笑脸相迎，也并不能由此判断他就是好人，或者这个人就是约好和你见面的人。在和美国交通安全管理局的行为侦查警官共事的时候，我明白了：机场航站楼里衣着光鲜的不一定就是有钱人；他可能是个毒品走私贩，为了不让别人因为他的外表而起疑心。同样地，穿着朴实的老妇女或许拥有巨额的财富。老妇人的穿着打扮也许是“磨损的羊毛衫、磨破的帆布鞋、左手的无名指上带着一个小金戒指”，看上去不是“中产阶级”或者“寡妇”。但要知道，金戒指也不能准确说明戴着它的人就一定已婚。

只收集事实

要想从一大堆信息中甄别出那些已经证实过的信息，这就要求我们先达到第一个目标：评估一个新的场景或环境里的全部事实真相。根据定义来说，“事实真相”是指“根据实际经验或观察而得到的真实情况”。始终用开阔的思维，纵观明显的事情，但是只把注意力聚焦在你能够看到的真相上，而不是你假定为真相的东西上。

看任何东西的时候——一幅画、一间病房、聚会上的同伴、一个公共广场或者是在机场排队的人——我们必须用和记者、执法人员、科研工作者收集信息同样的基本模型来研究：人物、事件、时间、地点。这个场面中有什么人？发生了什么事？什么时候发生的？在哪里发生了这件事？至于为什么要这样做，我们会在第七章的具体内容中讲到。

下面，我们来从爱德华·霍珀的画开始吧。把书翻到第 79 页，来看看我们能够收集到多少事实真相。记住，我们不要把这幅画当作一件艺术品，而是将它作为我们要收集的信息集合。你也许会发现，我们在接下来的几页中对这幅画作细节的分析，深入到无以复加的地步，但是这正是我要说的重点，不要略过任何细节。请务必慢慢地观看，并真正地沉浸在这个过程中。

人物?

这幅画的主角是谁？是一个孤独的女人。你确定吗？再看一看，房间里还有没有其他人？在窗子的反射里？不，她好像的确是独自一人。

我们还能从她身上了解到什么？她是已婚还是单身？我们不能分辨。她的名字呢？不知道。怎样确切地描述她呢？她好像是白人，大概二三十岁，虽然这个年龄对于一个孤独的人来说还太年轻了。她脸上没有皱纹，因此可以推测她的年龄范围是从十几岁到四十岁出头。我们不能够确定她的实际年龄，但可以用排除法：她不可能是 10 岁，也不可能是 60 岁。

那么，她的身高如何？你能看出来她有多高吗？能，从房间的比例来看，她是坐在一张普通大小的桌子边，一把普通大小的椅子上。我们可以通过她坐着的高度来推算出她站着的时候大概有多高，甚至可以通过左边的门把手来推算出更接近她真实身高的数值。

那么，她的体重如何呢？她穿着一件肥大的外衣，遮住了腹部，但是可以看到她细长的脖颈，修长的手指，纤细的腿部和平坦的胸部。所以能够得出的结论是，她要么是中等身材，要么是偏瘦，但一定不胖。

她穿着打扮又是怎样的呢？她穿着外套，戴着帽子。再具体一些，如果你要向别人描述她，说出她和其他穿外套、戴帽子的女人的不同之处，你会怎么说？她穿着一件长袖的、领口和袖口都镶了棕色毛边的绿色大衣，坐着的时候，外衣碰到了膝盖，也就是说，她站起来的时候，大衣会拖得更长。

那么从她的服装中，我们还能观察到什么？她还戴了一顶帽子，帽子的右边有一小簇假的点缀用的小樱桃。垂下的帽檐遮住了她的脸。了解她对帽子的选择可以猜出很多她的情况，所以，这是一顶什么样的帽子呢？除非你是卖女帽的（反正我不是），不然我们就必须要研究一下它才能得知。我们能方便地在互联网上查到，但是必须找出好的、符合事实的信息来获得更好的解释。我搜索谷歌，输入关键词“女帽”，有 6 900 万条结果。我又输入关键词“女帽 + 帽檐往下紧贴头部”，有将近 300 万条搜索结果。出现在第一页最上面的 3 个网站立刻给了我答案：钟形女帽。然后我又快速查了一下，发现钟形女帽是紧贴头部设计的铃状帽子，发明时间是 1908 年，并且在 20 世纪 20 年代非常流行。

我们看不到她的鞋子，但是你有没有注意到她只戴了一只手套？那么，另外一只呢？我们看不到另外一只手套。对于这一点，你可能会说“那又怎样？谁在意这些？”但是很多时候，生活中的秘密恰恰隐藏在这些细小事情的背后。细小的事情有助于破解犯罪案件，有些细节能够引领人们做出关键的判断，小细节会揭示大问题。

所以说，她只戴了一只手套这件事是值得被注意的细节，或许是最重要的真相也说不定，尤其是如果右手的手套出现在画面的某个地方的时候。要是在 O.J. 辛普森的谋杀案审讯中，犯罪现场发现的单只手套很可能成为破案的关键。

这里，我们的主人公只戴了一只手套，或许预示了她的心境。心烦意乱？还是很着急？她坐着，手里拿着一只带茶碟的杯子，前面有个空盘子，这些细节暗示着，她已经在桌子边坐了一段时间了。她戴着手套是不是为了遮住她左手上的什么东西？她会不会是哪里畸形呢？或者是瑕疵？或者是结婚戒指？我们无法知晓确切答案，但是，只要我们列出这些事实，就可能问出正确的问题。

我们再来看看她戴的珠宝首饰。她左耳朵戴的是红色耳环吗？还是她的卷发呢？那看上去更像是耳环，但是如果我们再仔细观察，耳朵和鼻子底部的位置关系，就能知道如果那个红色的圆圈是耳环的话，位置太高了，由此判断那不可能是耳环。

在她的右手无名指上，有个好像在闪烁的点，有可能是个戒指，或者也可能是她无名指和小指之间分开的缝隙里看到的桌子的白颜色反光，但要是看得更加仔细，会注意到她的手放置的方位，因为如果她的手指的确是分开的话，那么，透过缝隙看到的应该是她深棕色袖口的颜色，而不是桌面的颜色。

我们看不出来她是否戴了手镯，但是她显然没有戴项链。

那么，她的肢体语言又是怎样的呢？她的嘴唇皱起，没和任何人对话。她没有把外衣脱掉。她向下看着右手上的空杯子，右手没有戴手套。

杯子里是什么？咖啡？你怎能确定？这个杯子并非玻璃杯，看上去像是热饮，而不是冷饮。答案最有可能是咖啡、茶或者热巧克力。杯子上没有喝剩的热巧克力特有的鲜奶油或残渣，桌上也没有附带的茶袋或勺子，所以最有可能是咖啡，但这也并不能称为“事实”。

采用类似的研究方法来评估一个人的服装、行为、与物体之间的互动，有助于我们揭开任何场合陌生人物的身份或意图，这个人物可以是一个装扮成机场游客的恐怖分子，也有可能是人行道旁扮成司机模样的绑架犯。如果人们能够注意到肯尼亚购物中心里的人穿的鞋子是否和他们的正式制服相配、带的是什么枪、如何走路等，或许就能够从隐藏的细节里推测出谁是会援救他们的好心人，而谁又会是杀害他们的歹徒。

事件？

我们研究模型的第二个问题是：发生了什么事，或者正在发生什么事？主要情节是什么？在霍珀的画作中，没有太多的情节：一个女人孤身一人坐在桌边拿着茶杯。画面上也没有别人，甚至没有线索暗示是否有其他人在场。女人低着头，嘴巴紧闭。除了杯子和茶碟以外，她的前方有一个空盘子，可以看出她已经在这张桌子旁坐了很长时间，并且已经吃完了一些食物。

然而，很多画作并不总是像这一幅那么简单。有好多画就如同生活中的场景，是很复杂的。让我们来仔细看一看下面这幅画，画里发生了什么事?

扬·斯特恩，《当老人唱起歌来，年轻人也吹起管来》，1668~1670

三位女人和一位留着胡须的男人围坐在一张小桌旁，桌上摆满了食物。一位女人手里拿着一张纸，另一位抱着一个小孩，还有一位则伸长手臂端着一个酒杯，一个站在桌边的长发男人正在往她的酒杯里倒酒，还有一个男人，他可能是坐着，也可能身材矮小，正拿起一根长管子送进左侧紧挨着的小男孩的嘴巴里，还有另一个男孩在旁边看着。在他的后面，一个靠着墙的男人拿着一把像风笛的乐器，簧片放在嘴里，径直看向观察者——只有他是在看着我们的。他们的周围围绕着一些动物，一只尾巴上长着长长羽毛的热带鸟类，很可能是鹦鹉，从房间角落里的长杆上向下注视着人们，在墙上高处的鸟笼里关着两只小鸟，还有一只斑点狗，翘着鼻子和尾巴，大概在看着什么东西，只是这个东西不在画面中，所以我们看不到。

这些人在做什么？我们无法下定论，但可以收集事实，以帮助我们排除不正确的假设。他们在吃晚餐吗？好像不是，因为他们围坐着的桌子很小，而且桌上没有放餐具。画中大部分人在微笑，也有人面无表情，只有风笛手愁眉苦脸，但是，看起来画里的人并无紧张情绪或冲突。这些人是什么关系呢？没有事实可以证明任何猜测，他们可能是邻居，也可能都是小旅店里的客人。

我们看不到事件的全貌，但有很多事实情况可以指引我们去了解什么发生了，而什么没有发生。这些人有食物和饮料，音乐和陪伴。他们穿戴整齐，坐在有雕刻图案的家具上，或坐在周围。有孩子出现，动物都很平静。我们从这点就能知道没有发生什么，外面没有暴风肆虐，人们没有挨饿，除了那个貌似愁眉苦脸的风笛手以外，大家的肢体语言看起来是放松的，而且大家似乎都认识。

花些时间分析发生的事情是很重要的。在内罗毕的那场恐怖袭击中，很多人就是因为没有意识到发生在眼前的事情而遭了殃，有些购物者的第一感觉是，枪声应该是和煤气炉爆炸或者银行抢劫有关，那些没有在第一时间评估所发生的事情的人就错误地跑进了持枪歹徒的袭击范围，而那些静待观察，分析情况，然后猜到那是一起恐怖袭击案的人们，就成功地找到避难场所。即便是显而易见的事情，或者是看似无需调查的事情，尤其是在风平浪静的情况下，千万不要放弃去找寻“事件细节”。否则，就可能会遗漏非常有价值的事实，而这种有价值的事实并不能再通过其他途径获得。

时间?

现在，我们来研究一下事件发生的时间。在前面第 79 页霍珀的画里，我们能找到什么样的事实情况，来证明这个场景发生的时间？

这幅画描绘的是一年中的什么时节？女人的衣服有毛皮装饰，让我们觉得应该是晚秋或者冬季，然而从她那点缀着樱桃的帽子上看，又不像是那两个季节。会不会是乍暖还寒的春天，但是不合时令地寒冷呢？不管是哪种情况，我们首先能够排除的是严冬，因为她的帽子看起来轻而薄；也不会是酷夏，因为她的衣服穿得很厚实。

那么，这幅画描绘的时间是几点钟呢？是黄昏以后，但是，是几点呢？既然在早春和晚秋，白昼相对短，下午 5 点的时候天就全黑了，在很多地方，要到早上 7 点以后天才会亮，所以我们锁定的范围应该是这 14 个小时的时间段，尽管从窗外的景色里也看不到任何的亮光。明亮、干净的室内说明，这个房间的地理位置不会是在一个危险的或者偏僻的地方，所以，窗外应该是会有人活动的迹象：街灯或者车灯。没有什么能说明那是一个四下无人的深夜；或者是刻意营造出的隔离孤独的氛围，所以可以推知，这两种情况都有可能。

那么，这又是哪一年或者哪段时间呢？通过研究女人的帽子可以推测应在 20 世纪 20 年代。根据对“钟型女帽”演变过程的进一步研究，我们知道，自 1928 年开始，帽子变得没有帽檐或是帽檐上翘，所以根据主人公下垂的帽檐，我们可以推测出是在 1928 年以前。

地点?

最后，我们要来推测地点了。霍珀画里的场景是在什么地方呢？窗户上没有任何标识，也没有任何文字，所以我们必须探究得更深入些。

根据墙壁、门、窗户、电灯，可以知道这是室内场景。这里干净、整洁而明亮。金色的暖气片和门把手上看不出任何的磨损或破败。

我们能看到一张桌面是白色的圆形桌子，还有两把深咖啡色椅子。你有没有注意到还有一个椅子的一角？这，重不重要呢？

注意自己所在的方位——在你观察的任何场景里，你的周围有什么——可能是至关重要的，甚至在一些意想不到的事情发生时还能救命。知道一座昏暗的剧场的紧急出口在哪里，飞机上的紧急出口在哪里，在一次自然灾害中知道有避风港或结构最坚固的逃生通道，一切都会大不一样。无论是航空交通管制，还是在拥挤的公路上驾车，或是骑自行车在蜿蜒曲折的路上穿行时，对周围环境的意识可以辅助我们在紧急时刻做出关键决定。

如上文所说，我频频出差，经常会自己单独待在酒店房间——这是一种对任何人来说可能都不太安全的情况，因为酒店面积大，布局复杂，很多暂时的客人来来往往，大家对隔壁的噪音也不太在意。所以我不会订一楼的房间，因为外面的人太容易闯进来。以防有意想不到的紧急事件，我会花时间去找找最近的电梯和楼梯，仔细察看我在什么方位，谁在我的周围，最近的一条逃生通道在哪儿，这对我的个人安全至关重要，而且，我进电梯、楼梯井、地铁或者巴士之前，也都会检查一下。

西门购物中心的幸存者伊莱恩·当之所以保住性命，是因为做了同样的事。26 岁的她来自圣地亚哥，在肯尼亚工作。第一个手榴弹爆炸的时候，她正在参加一个儿童烹饪比赛。她告诉 CNN（美国有线电视新闻网），有一个大赛主持人让大家逃到停车场里，她一开始跟着去了，但是后来改变了主意。她觉得一群人更容易受到攻击。于是，她掉头回到比赛区域，她知道那里有一个银色的大橱柜，她躲到橱柜后面，于是存活下来。其他很多人都盲目地逃往停车场，却不幸断送了性命。

现在，我们再回过头来更加仔细地观察霍珀那幅画的地点，看看我们还能发现什么。在桌上有个空盘子，女人拿着杯子，杯子配有同款碟子。请问什么样的地方能提供热饮和食物，而且有多张桌子和椅子？餐厅？小餐馆？还是咖啡厅？而且桌上没有那些你在餐厅或小餐馆里能看到的很有代表性的东西：没有餐巾，没有酱料，没有盐和胡椒，没有菜单，也看不到招待客人的服务员，欢迎的图案或是收银台。

我们看见了什么？在女人身后的窗台上有另一份食物：一盘鲜亮的水果，有红色的、橙色的、黄色的。在右边，我们看到一段楼梯的顶端部分，这段楼梯是往下走的。在这幅画的前方位置，我们主要看到一扇大窗户，在窗户的反射中，我们看到有两排灯光朝着我们的方向延伸向这座大楼。

那么，在 20 世纪 20 年代中期，什么样的地点会是干净整洁、提供食物和饮料、晚上开业，并且一个女子只身前去也比较安全的呢？根据这些信息，我们可以通过上网获得答案：自助餐厅。自助餐厅是一种没有服务生的餐厅。在墙边排列着自动售货机；顾客可以投硬币进去，选择他们想要的任何食物。霍恩和哈达特在 1902 年开创了第一家自助餐厅，一度成为世界上最大的连锁餐厅，一天服务大约 80 万位客人。典型的自助餐厅里，通常放着圆桌子，桌面是白色的卡拉拉玻璃，就和我们在霍珀的画里看到的一样，并且他们出售的咖啡是当时城里最好的。

找到答案

既然我们是在用绘画作品提高观察技巧，那么，我们就不需要也不会要求大家去了解这幅画的创作背景、画风或者画家本人。不过，毕竟我们掌握了一些关于这幅画的信息，那么作为观看者，我们能够利用这些信息来判断观察得是否准确。

这幅画作的题目叫《自助餐厅》(*Automat*)，它于 1927 年被首次展出。这幅画中的女人的原型是年轻时的霍珀夫人，但我们并不知道画中的女人究竟是个什么样的人、从哪里来、到哪里去，抑或是她的心情如何。我们不可能得到所有答案——很多人都无法得到所有答案——但是，观察得越多，就能够收集、分类、处理越多的事实情况，那我们就能知道得越多。

如果肯尼亚西门购物中心有更多的人观察并整理出哪些事实情况是他们知道的，而哪些情况他们不知道，那么他们之中就能有更多人幸存。比如，那些躲在“狩猎通信”手机店密室的人们，在听到通风孔里发出的声音时，有想过爬到通风口逃出去，但当他们意识到并不能确定这个声音是来自人质，还是那些四处游走的恐怖分子时，就没有轻举妄动，而是待在原地，于是存活了下来。

有个受伤的肯尼亚人和其他的购物者一起被疏散的时候，有人注意到了从他口袋里掉出来的机关枪弹匣。如果没人留意的话，这个恐怖分子是不是就可以顺利逃走了？正是因为有人注意到了，恐怖分子最终被擒获。

其实在事件发生的前几个月，人们原本可以发现很多细节并相互告知，从而避免这次袭击，但实际上没有任何人察觉。BBC(英国广播公司)报道说，恐怖分子在西门购物中心里租了一个商店长达数月之久，走私并储藏了大量的武器。他们的这些活动和武器运送，怎么会没人注意到？也是同样的道理，当我们很忙或是分心，或者根本没有观察的时候，我们也会忽略掉一些密切相关的事实真相。肯尼亚购物中心枪击案发生一个星期后，旧金山的一辆拥挤的通勤车厢里，乘客没有看到尼克姆·特帕凯松好几次举起一把 0.45 口径的手枪，用它擦鼻子，并用它对准着那些从他身边穿过的年轻学生。据《旧金山编年史》（*San Francisco Chronicle*）记载，有几十个乘客或站或坐在几英尺远的地方，“他们的眼睛全神贯注地看着智能手机和平板电脑”，一直没有抬眼看过，直到 20 岁的贾斯廷·瓦尔迪兹中枪而亡。

并非只有在危及生命的场合才需要良好的观察技能，它在我们个人生活和职业生涯的方方面面都至关重要。我教授的学员中，有一部分需要经常和孩子打交道——医护人员、教师、家政服务调查者——这些人常常让我意识到客观汇报事实的重要性。有一位女士，她是一位来自马里兰州的社会工作者，她向我展示，即使对于一块瘀痕的描述方式都非常重要。

描述一个孩子“满身青一块紫一块”和“膝盖下面的地方，有 3 个一角硬币大小的圆的、黄紫色的瘀青，一个在左腿，两个在右腿”是有很大的区别的。后一种说法很可能是指大多数活泼的孩子，他们经常砰的一下撞到自己的胫骨。而其他身体部位，比如脸部、头部、头颈和臀部，并不容易磕出瘀青。瘀青的颜色、形状和位置都能说明问题。一般来说，圆的瘀青是因为撞上了什么东西导致的，而长方形的或者手掌形状的则不是。瘀青的地方有时会发红，直到痊愈为止，但是，黄色瘀青一般是在撞击之后至少 18 个小时才出现。因为瘀青会褪色，所以，用尽可能清晰、客观的细节来描述是很有必要的。

客观描述的重要性也体现在看似毫无逻辑的事情上，比如一杯卡布奇诺的订单。要想让这个订单有条不紊地进行，先后需要顾客、收银员和咖啡师的配合。在观察或沟通中，任何的懒惰都会对各方带来挫败感并且劳民伤财。一杯咖啡被放在粗劣的杯子里是什么大不了的事吗？如果你是一个早上没有一杯咖啡就过不好一天的人，或者如果你是做咖啡生意的商人的话，这就很重要。小的错误是会累积的。如果星巴克的 20 000 家店铺每天都有一杯做坏的饮料被扔掉，那么一年当中，就会带来大约 850 万美元的损失。如果有两杯做坏的话，损失就会加倍，变成超过 1 700 万美元——而这些损失原本都是可以避免的。

在我的课上，偶尔也会有学员怀疑地提出反对意见，声称在绘画作品中对事实情况进行分类不同于在她的日常工作中。可我并不同意她的说法。几乎每一项工作，尤其是那些在“最前线”的工作，比如门卫、迎宾人员、接待员以及执行助理，需要在工作中客观地观察，我们并不总能意识到我们以及周围人是如何做的。就拿空乘人员来说，他们不仅仅是航空公司的形象大使、招待员、服务员、安全专家、行政和清点存货专家、调度人员，他们也是紧急情况协调者，从根本上来说，他们都是“第一反应者（first responder）”，也就是第一个需要对紧急情况做出反应的人。甚至是看起来常见的问候仪式，或是让乘客入座，航班的空乘人员也要留意那些被国际民间航空组织称作是 ABP 的人，也就是“体格健全的乘客”（able-bodied passengers）——如果有紧急情况发生，这些人是可以协助帮忙的。在每个出口都要有三个 ABP，ABP 的体格和身材，年龄和座位，每次航班都是不同的。没有什么 ABP 的名单来让他们签名，也没有关于谁是 ABP 的预先指示，当有新的乘客登机的时候，空乘人员就要迅速机智地默默观察，从而在心里挑选他们，所以，很多 ABP 甚至都不知道自己已经被空乘人员在脑中标注为“ABP”了。

被选作 ABP 的人必须超过 15 岁，活力充沛、四肢灵巧，有英语阅读、理解和交流的能力，不过度肥胖，并且也没有旅伴——因为人们总是先帮助自己的家人，再帮助陌生人。空乘人员接受训练，不仅根据身体的、认知的和精神上的能力来识别 ABP，还需要鉴别哪些乘客能够在压力之下保持冷静，并掌握正确的方向。

这些都需要通过客观的观察才能做到。空乘人员每年要服务成千上万的人，他们比大多数人更懂得不能通过外表去假定任何事情。就凭一个人的外表，就假定他不会说英语、他的消化能力很强，或者与那个和他分享零食的漂亮女孩没有关系。空乘人员必须通过看、听，以及将他们得到的线索结合在一起才能得出结论。若身高 1.8 米的小伙子在遇到不稳定气流的时候就焦急地去问空姐问题，那他不够格；一名女性乘客走路颤颤巍巍并且使用拐杖，她也不够格；有位先生好心地帮助前面的乘客把包放上行李架，那他可能是很好的人选。

当我们收集完毕事实真相，还必须留意我们的观察是否客观，而非主观。主观和客观的区别可能只是一念之差，但是却极其关键：正是事实和虚构之间的差距。客观的观察建立在经验的、数字化的事实基础之上，而主观的观察则是基于猜测、意见、感觉或者价值观。“瘀青很严重”是主观的，“它是一块圆形的、直径大约 1 英寸的紫色瘀痕”则是客观的描述。

如何避免主观臆断

量化是衡量我们的观察是否客观的方法之一：计算、估测，或者利用测量工具。“小”这个词对于不同的人表示不同的意思：和狗比起来，瓢虫就是“小”的；但是如果和大象相比，那么狗就是“小”的了。但是，如果加上数字的话，主观理解和不确定性便可以消除。“小”是主观的，“1 英寸宽”就不是。在任何时候，只要有可能就去测量，实在不行就尽可能去估测，要用数字表示。在霍珀的画作《自助餐厅》里，不要说“在女人头顶的天花板上有‘很多’灯”，而是要说“有两排各七盏灯”。在这幅画面里，比起说“有几张椅子”，不如特别指出“能看到有三张暗色、木制、没有扶手的椅子”。

即使有一些现象无法计数或计量，我们仍然是有办法量化的。不要说狗的味道“很难闻”，我们可以这样量化：“程度化分为 1 到 5，5 是最糟糕的，这只狗身上发出的味道，难闻程度是 4。”

最后，用可比较的名词来代替描述性的形容词。“难闻”是主观的词，“发臭”也是主观的词。对有些人来说很难闻的东西——比如修剪过的草地或是汽油——对另一些人来说却很好闻。

如果不那样去描述，我们其实还可以去找一个具体的名词来形容你描述的气味，比如说“这只狗的气味闻起来像死鱼”。

然而，对客观性的追求并不止于观察阶段，我们还要确保在下结论的时候，同样只采用了“事实”，而非“意见”。假设你根本就没有看到过霍珀的画作，但是现在有两个版本的评价摆在你面前。哪个客观，哪个主观呢？

- 一个孤独的女人独自坐在一家咖啡店中一张白色大理石的圆桌边上。
- 一个闭着嘴、眼睛下垂的女人端着一个杯子和杯托，独自坐在一张白色桌面的圆桌边上。

这两句话都描述了这个场面，也都表达了那位女人没有跳舞也没有笑，而是静静地坐着，看着下方。可是，第一句话的结论是说这个女人很孤独，是个形容词，这是对于这位女人的表情的主观理解，而不是对事实的陈述。而第二句话，描述了女人的面貌，是根据客观事实来写的——她看着下方、闭着嘴这句话没有添加任何关于她心情的假设。

第一句话说这位女人坐在一间咖啡店里，第二句话则陈述了事实，女人拿着杯子，而并不是猜测她在哪里，也没有关于她杯子里饮料的任何猜测。那么，“咖啡店”和“拿着一个杯子”的区别有什么大不了的呢？其实区别很大。因为她所在的地方没有被证实就是咖啡店，也没有被证实不是咖啡店。去把一个像地点那样重要的事实陈述出来，尤其是告诉那些对这个场面不熟悉或者是在信息链条底端的人，即使是漫不经心的，都会带来更多不真实的假设，这些假设最后会变得以假乱真。

比如说，马特里的《梦游者》雕塑放置的地点就是争论的关键，因为有些反对者声称，把这样一个雕塑放在全是女生的大学校园里，说明管理层忽视了给学生一个“安全”的环境——这是一个很严肃的指责。在这场争论中，威尔斯利学院的英文教授并没有说“一个不修边幅的男人穿着内裤”，而是从他所在的位置来描述：一个全是女生的学校。而《波士顿环球报》（*Boston Globe*）则因为主观地说这座雕塑被放在校园的“扎眼”位置，从而导致一场引火烧身的争论，而没有唤起人们进行客观的观察。“扎眼”是主观的词语，这是关于“重要性”的意见。然而，一味关注雕塑放置的位置，但没有任何合乎逻辑的真实信息，引发了如潮的报道，说学生们都吓坏了，但却无法避开。

如果你是记者、威尔斯利学院一个学生的家长，或是一名理事会成员，你最好能去收集与雕塑地点有关的事实情况。说这个地方“扎眼”不是一个完全客观的评估，这座雕塑并不是无缘无故放置在这里的，而是有原因的。它被特意放在学校里的戴维斯博物馆，是为了能从 1 层和 5 层的窗户看到它，在这两个楼层里还有“马特里展览之其他”，也包含着其他的现实人像雕塑。戴维斯博物馆的总监丽莎·菲施曼这样解释道：“《梦游者》被放在那里是为了‘将博物馆里的展览和户外校园的作品联系起来’。”她把这看作是“从博物馆里出走的艺术品”。学校的管理者谈及此事时也说，这件作品并没有被放置在侵犯到个人隐私的区域，比如宿舍楼外。事实上，它是被特意放置在没有人行道的草坪上，所以学生不会被迫与它相遇。

发掘所有和《梦游者》的放置地点相关的客观信息，对做出“威尔斯利学院是否有意用艺术使学生尴尬，或者对学生进行骚扰”的判断很关键。同样，我们有义务去收集尽可能多的客观信息，让自己的观察并不止于第一感觉、匆匆一瞥，或者仅是一张搜集资料的打勾列表，而要多多观察，收集比“收集资料的打勾列表”里更多的事实信息。只有这样，我们才能确保收集的结论基于客观事实，而不是凭空假设的。

假设的风险

在就本书的内容做探讨的时候，我正和儿子一起读书，我们在雷蒙·斯尼奇的《严厉学院》(*The Austere Academy*) 里偶然得到一个关于“假设的坏处”的极佳描述：

> 假设是危险的，就像所有其他危险的东西一样，比如炸弹或者草莓蛋糕，即使你犯了一个极小的错误，也会造成麻烦。做假设仅仅意味着相信事情就应该是某个样子，甚至根本没有证据证明你是对的，你很快就会看到招致的麻烦。举例来说，某天清晨醒来，你会假设你的床还放在原来的位置，但是，如果你下了床，或许会发现床正漂浮在海面上，那么你就会因为刚才的假设而遭遇麻烦。所以你就知道了，最好

不要去做太多的假设，特别是在早晨。

即便是主观判断和客观判断之间的差别很微妙，也是非常关键的。在描述霍珀的画作时，“一张圆形的白色大理石桌子”和“一张圆形的、白色桌面的桌子”，仅仅是一个词的区别，但那个词也是关键的。不能确定桌子就是大理石的，因为这不是事实，也有可能那张桌子只是嵌上了木头或者卡拉拉玻璃。著名的工匠手艺人奥斯卡·巴赫在 20 世纪 20 年代用白色的缟玛瑙做了桌面。前一种描述也是说那张桌子是“白色的”“大理石的”，但没有说明有多少白色或者哪部分是白色的。“全白色的桌子”和“白色桌面的桌子”之间的不同，以及“完全是用大理石做的桌子”和“只有表面是用大理石做的桌子”之间的不同，是不容忽视的。

桌子是用什么做的，这有什么大不了的？不，这很重要。知道一件物体的成分可以救戈兰·托马舍维奇的命，以及走在他前面进入内罗毕西门购物中心的警察。与恐怖分子发生枪战的时候，东非路透社的首席摄影师托马舍维奇和警察一起躲在一根大柱子后面。他意识到柱子并没有和建筑物连接在一起，敲一敲就会发现柱子是空的。他的同伴们也敲了，然后问“那又怎么样？”托马舍维奇解释说，单薄的材料是不能挡住子弹的，也不能给他们带来庇护。于是他们快速地移动到一处防御性更好的地方，存活了下来。

无论假定是由主观事物形成，还是由事实真相形成，都是有害的。我们刚才已经提到，一个在机场排队的，左手无名指戴着戒指的老妇人不一定是已婚、订婚或者寡妇，或许她独身一人。翻到第 15 页看那个白人妇女，她头上戴着羽毛，拿着一幅画，画上的人裸露着后背，她的左手无名指上确实戴着戒指，然而，因为戴着戒指就假定她已结婚、订婚或者守寡，也不一定正确。画中的这位女人其实是个妓女。同样，我们也不能假定本章第 91 页的画中，围坐在桌子周围的人们互相之间有关系，也不能假定霍珀的画作《自助餐厅》里的女人是在等人。

主观的推断并不容易被察觉或者自动消除。因为那些是由观察得来，建立在观察之上的。即使是最好的组织也会有无法摆脱假设的时候。

2005 年，美国成立伊拉克情报委员会，旨在总结出情报机构是怎么错误判断伊拉克的大规模杀伤性武器计划的，并将其结果汇总成 601 页的报告递交给美国总统。委员会是这样总结的："主要的原因在于情报机构没能收集到关于伊拉克大规模杀伤性武器计划的有力情报，在分析他们能够获得什么样的情报时犯了严重的错误，并且不清楚有哪些分析其实是建立在假设之上，而不是建立在可靠的证据之上。因为那些分析家太执着于假设了，他们有太多的结论是依靠推测和假设得来。"

有多少其他的组织机构或私人公司可以经得起类似的外部第三方的监视，对其一切通信进行调查？你的公司可以吗？我们要比想象中的更容易做假设，然后就像滚雪球一样，即使是最小的雪球往山下滚去，雪球也会越变越大。

判断时，假设得越早，就越危险，因为这会给后来的观察者带来偏见。在此过程中，能在第一阶段就做出精准的判断是极为重要的。如果你是亲历者、第一个得到消息的人，或是需要首先提出议案的人，你就有更大的责任做客观且深入细节的观察。

***

现在，我们已经牢固掌握了建立有效观察所需的几种要素——人物、事件、时间和地点——我们就做好了看得更深入的准备，可以透过表象，寻找能够解释关键信息的微妙之处了。

第 5 章

隐藏于表象之下的事物

论看见“森林”与看见“树木”

约翰·辛格顿·科普利，《约翰·温思罗普夫人》，1773

想要看到约翰·温思罗普夫人的话，去纽约大都会艺术博物馆可以见到她的“本尊”。温思罗普夫人的肖像画是由约翰·辛格顿·科普利于1773年，在温思罗普夫人和她第二任丈夫结婚的时候画的，温思罗普夫人的丈夫是位哈佛教授。这幅画因为它的现实主义以及能够给人极好的机会锻炼观察能力而著名。用几分钟来仔细观看，对于这幅画面的人物、事件、地点和时间，观察得越多越好。

你有没有注意到她裙子鲜亮的蓝色；双层的白色蕾丝袖口；她胸前蓝、黑、白三色相间的条纹蝴蝶结和帽子上红、黑、白三色相间的条纹蝴蝶结；她稍带V字型发尖的棕色头发，脖颈上缠绕着的六股珍珠项链；她的双下巴和脸上的酒窝；装饰性的红色椅子；剪短了的干净指甲和左手无名指上石榴红色的钻戒，还有她手上拿着的油桃，其中一只还连着枝叶。

虽然这幅画描绘的是一个单独的人物，背景是朴素的暗色，和霍珀的画作《自助餐厅》里窗外的背景色相像。但是这幅画里，细节却是细腻而强烈的，而且，比起霍珀的画，它给了注意观察的人们更多关于主人公的信息。我们可以看到她紧身衣裙上多样的布料、手腕上层叠的皮肤，以及她脸上那些容光焕发的皱纹。

在对画作进行细致观察的时候，很多人在诸多引人注目的要素里忽略了一样东西：女人正靠着的红木桌子。你有没有注意到呢？要是你已经注意到了，有没有真正地观察过它呢？这样东西体现了这幅画的绝技，考验了画家的技术水准。在这张红木桌子上，画家完美地描绘出温思罗普夫人的皮肤、手指和衣袖上繁复蕾丝图案的倒影，甚至能看到油桃的些许痕迹。

桌子占了画面从下而上近三分之一的面积，看上去，这么大的东西是不易被忽略的，但我们中的很多人还是忽略了它。在很多大大小小的场合里，我们都会忽略类似于“红木桌子”那样的东西，我们会因为它们藏于表象之下而疏忽它们，就错失了极为重要的信息。这种现象非常普遍，用一句谚语来描绘它就是“如果它是蛇的话，你早就被咬了”，在《加拿大医学协会期刊》（*Canadian Medical Association Journal*）上，这也被戏称为“冰箱盲”（我已经数不清有多少次打开冰箱时对着蛋黄酱的瓶子了，可就是没看到它）。

几年前的一次，我陪背部疼痛的姐姐去医院，在我们隔壁的小房间里躺着一位 90 岁的老先生，带着氧气面罩，身体连接着心脏治疗仪器，他的妻子坐在他身旁。在我姐姐服用了镇静药昏睡过去以后，老先生的妻子和我攀谈起来。

在我们谈话的时候，两个看上去 35 岁左右的急诊室医生进来了，转动着一个很奇特的机器朝着老人走过来。他们在老人的胸前贴了膏药，一声不响地盯着屏幕上的图像看，也没有注意到我们的存在，然后他们相互大声地说：“真奇怪，这是什么引起的？”“肺机能变成这样子已经多久了？”“我想知道他的肺部病史。”

老先生的妻子礼貌地打断他们说：“我可以回答你们所有的问题。”

“你是谁？”他们吓了一跳，这才注意到了她。

她回答说：“我是他的妻子，这是几个月以来我们第 6 次进入这个急诊室，我可以给你们看他所有的病史资料。”

一位医生回答道：“哦，我进来的时候没有看到你。现在请你告诉我吧。”医生太专注于仪器，所以他们没有注意到，能够提供患者病史资料的这个人就坐在他们的面前，并且是很显眼的位置。

当我们在眼皮底下看漏一些东西时——像刚才提到的病人妻子、红木桌子、蛋黄酱瓶子——往往并不只是看漏了一瓶酱料或者一样家具这样简单的错误。在很多情况下，看漏的东西正是我们解决问题、做出判断或破获案件所需要的关键信息。

2007 年 10 月 30 日，琳达·斯坦因，著名摇滚经理人和不动产经纪人，也是斯汀、比利·乔、安迪·沃霍尔等明星长期的经纪人和朋友，被人发现死于自己曼哈顿的顶层公寓中。这件事震惊了纽约市，并不仅仅是因为斯坦因死于被杀，而是因为她住在纽约一幢被认为最安全的公寓里面。

斯坦因住在 18 层的公寓，只有服务人员手动地操作私人电梯才能上楼，并且每个访客来访都需要登记，并通知前台，前台会有监控摄像头在访客每次进入和离开时进行记录。所以，陌生人应该无法进入斯坦因的私人住宅。

侦探发现没有破门而入的迹象，除了她俯卧躺倒的尸体旁有一滩血以外，公寓里很干净。验尸人员确定她是被一根棍棒重击 24~80 次而致命，但是，在现场并没有看到任何武器。斯坦因没有受到侵犯，也没有重要财物被盗，甚至没有因为连续挣扎而受伤。这些都表明了斯坦因是被熟人杀害的，但是，凶手是谁呢？

报告显示斯坦因在案发当天并没有离开过公寓大楼，在那天深夜，她的尸体被女儿发现之前，家里只来过一位访客——她的私人助理纳塔维亚·洛厄里。洛厄里是在上午 11 点 56 分进入大楼，下午 1 点 19 分离开的。她进来的时候只有左手拿着一个信封，出去的时候左手手肘上挂着一个红色的大购物袋，左边肩膀上还背着一个特大的绿色钱袋（这个钱袋是斯坦因的）。洛厄里承认她走的时候带走了斯坦因的钱包和手机，当她独自离开大楼的时候，接了斯坦因的电话，她告诉斯坦因的前夫，斯坦因去中央公园跑步了——这很奇怪，因为斯坦因得了乳腺癌和脑肿瘤，身体很虚弱，她甚至没有办法自己拿起吹风机，怎么可能外出跑步呢。侦探发现洛厄里从她的雇主那里偷了东西，而且曾经有过犯罪记录。但不能机械性地判定偷窃和撒谎的人就一定是凶手。法律执行需要证据来证实他们的怀疑，要排除一切怀疑，用事实来证明洛厄里有罪。

调查人员觉得可以从洛厄里进入和离开公寓的原始监控录像中获得线索，但是，经过数小时逐个画面的观察，他们还是未能发现什么异常。是的，洛厄里临走的时候拿着一个袋子和斯坦因的私人财物，但是私人助理按雇主的需求外出办事时不是经常这样做吗？袋子里装着什么呢：是脏衣服还是沾血的武器？没有人能看到。洛厄里离开得很快，没有被人注意到。

在调查后期，无数次播放与这起案件有关的录像带以后，有人注意到了蛛丝马迹：洛厄里离开时是把裤子翻过来穿的，所以才看不到血迹。看起来是多么荒谬啊，那么多人彻头彻尾看了那么多遍录像，却都遗漏了这个关键的细节：洛厄里的裤子在她走出大楼和进入大楼的时候是完全两样的。这个变化也并不是那么不易被察觉：她穿着大口袋裤子，左边大腿处的下垂而宽松的口袋，在正着穿的时候是很显眼的，但是她出来的时候，大口袋就看不见了，口袋开口的地方变成了编制的深色丝线，沿着裤腿纵向延伸。

这很可能就是他们要找的突破口，洛厄里可以对她放在包里的东西撒谎，因为事后没有人能查得出，但是事实的疑点已经留下：她在离开琳达·斯坦因的住处时有意将裤子翻过来穿，这一点，用一般的常理是说不通的。于是侦探就能够推测出洛厄里这样做是为了隐藏血迹。

从摄像机定格的画面中，我们获得了洛厄里把裤子翻过来穿的证据，证据被提交到审讯现场，作为非常重要的罪证，说服了陪审团。陪审员凯利·牛顿说："翻过来穿裤子的用意显而易见，于是我们就中止了争论。"洛厄里被判处 27 年监禁。

为什么调查者最初会看漏这么重要的细节呢？这和我们看漏红木桌子和蛋黄酱的道理是一样的：因为我们天生如此。

生理上的"盲点"

关于这种"看不到隐藏在视觉表象之下的东西"的情况，心理学家给出了很多名称，比如："无意盲视""有意盲视""知觉盲视""熟悉盲视""改变盲视"，等等，虽说如此，这些概念还是有一个共性的：盲视。这并非出于什么生物学的原因，而是因为我们会在直视中忽视一些东西。当那些东西是我们太意外或太熟悉的，或者它完全融入了背景中，又或者它会让人产生异常不适而厌恶的设想时，我们就会有意忽视它们。然而，并不是说我们认知的盲点在视觉处理系统中出了什么故障，相反，这是源于我们的批判性思维和适应环境的需要，而对信息进行的选择性接收。

因为世界充满了无数的信息和刺激，我们的大脑不可能、也无需去处理每种所看到的东西。如果大脑真那样做了，我们会被信息淹没。想象一下，我们站在时代广场，如果把眼睛睁大，眼睛里立刻呈现成千上万的物质——几十个闪光的广告牌、灯火通明的大厦、旗杆、出租车、商店、街头艺人，还有大约 33 万人每天在同一个地点经过——但我们其实根本没“看”到。我们的大脑自动地对我们身处的环境做过滤，只允许它让一小部分信息经过，这样就能保护我们不会因为处理过量信息导致大脑瘫痪。

设想一下，作为现代人，当我们在路上一边行走一边打电话时，大脑在掌控着哪些事情？我们的身体在人行道上前进，并避免碰到障碍物；我们在朝着一个方向前行；我们注意到路过的行人和地标，我们可能会和他们对话，或者把注意到的一些东西记在脑子里；我们和电话那头的人交谈，听对方讲话并给出回应；我们很轻易就能做到这些，只是因为我们的大脑已经过滤掉了不必要的东西：比如人行道上的蚂蚁、穿过树枝的风、那个刚刚和我们擦肩而过的男子脸上的少许胡须。如果我们对大脑路径里的每样东西都注意到的话，我们可能会走不出自家的大门。

哥伦比亚大学心理学和教育学的教授，同时也是斯坦福大学的荣誉教授，芭芭拉·特维尔斯基博士曾这样解释：“这个世界极其复杂，同一时间发生太多的事情——有看到的、有听到的——而我们处理这些事情的方法就是分类。只处理我们最低限度所需要的东西，这样才能使我们正常行动。

从我们的感知系统接收到的信息中，整理出相关和重要的信息，这个过程是快速而不由自主的，并且科学家还认为，这是无意识的。大脑会自动浏览我们从所处的环境里接收到的信息，直到某些信息能够引起大脑注意，才被运送到我们的意识中去。既然我们的注意力很有限，那么，只有很小一部分输入进来的信息才能被意识到。那些未经同化的信息通过大脑时则未经过处理和归类，它们当然也是存在的，只是我们并没有察觉到。所以，我们没有记住一些东西并不意味着它不存在。一个穿着内衣的牛仔在时代广场，他就在那里，不管我们“看到”了还是没看到，就像那个患病老人的妻子就在病房里一样，也像纳塔维亚·洛厄里的裤子就是翻过来穿的一样，不管是任何人看到没看到，都是一样。

用想象填补空白

我们生来就具有过滤信息的本领，这让我们能够把注意力聚焦于那些被多重感官输入大脑的信息中那些有限而重要的部分。如果没有这个本领，我们就无法成为不断进化的物种。如果史前的猎人需要躲在高高的草丛后面等待羚羊经过，若他不放过视线中每一片摇动的叶片的话，他将永远捕不到猎物。学会在混乱的世界里有所选择地处理信息，是我们能够在一个拥挤的餐厅里和人继续谈话，一边帮孩子背诵九九乘法表一边开车，或者在嘈杂的观众面前比赛的原因。在日常生活中，我们通常只注意到当下最重要的东西，会有效地做出筛选，而且几乎注意不到自己是如何筛选的。

“我们需要快速地得出抽象的概念，”特维尔斯基说，“知道发生了什么，了解环境，以及我们看到的主要对象、行为和活动，来让我们在这些事件中有出色的表现。”为了做到这些，我们的大脑“对所处的环境形成了快速的、大致的分类整理”。

这种对信息的快速整理的过程（即使我们现在知道它并不完整），只有当我们的大脑能够自行填充一些“缺口”时才能办到。所以，即便句子中词语的语序错乱，我们仍能毫不费力地读懂它的意思（比如，“我在书读”），同理，当我们在英语句子里去除词中的元音，如用“whn vwls r mssng”表示“when vowels are missing”，也丝毫不影响我们对句意的理解，这些便是证明。现在，发手机短信已经代替了打电话，成为最常见的日常通信方式。所以说，长期以来，这种能力让我们一直存活下来。

我们的这位猎人朋友可能会忽略草丛，而是把注意力放在他视线范围内一只路过的羚羊身上，并不是说他的大脑就不会接受或察觉到附近嘈杂的沙沙声。仅仅是这嘈杂的声响就会让他来不及确认“是不是会有食肉动物在附近”，就毫不犹豫地逃跑，能让他保住自己的性命。“草丛沙沙作响意味着可能有狮子”这种常识会下意识地填满他的大脑，不必等待进一步的确认，大脑就已经给他发出了逃离的指令。

就自我保护而言，我们的大脑这种弥合差距的功能是非常有用的，但是在现代世界中，当我们没有遇到生死攸关的选择，而是需要运用一流的观察和沟通技能的时候，这种弥合差距的功能可能就会有弊端。比如说，读一读下面的句子，就读一次，数一下句子里出现了几个 F：

ARTIST FABIO FABBI PAINTED DO-
ZENS OF DEPICTIONS OF ORIENTAL
LIFE ALTHOUGH HE WAS OF ITA-
LIAN HERITAGE HIMSELF.

你数出了几个“F”呢？4 个？6 个？在这个句子里，其实有 7 个“F”。

或许我们之中有些人数对了，但是大多数人还是没有数对，因为 OF 中的 F 是发 V 的音的，所以我们大脑的快速思考把 V 换进了单词 OF 的 F 中。

这个练习还有一个类似的版本（我承认在这个练习中，我一开始也少看了两个字母），几年前在网上流行，被贴上了“天才测试”或“老年痴呆症测试”的标签。事实上这个测试远远没有这两个名字那么神奇，但它是个挺好的例子，它告诉我们，即使当我们知道自己正在找某个东西，而且也并没有受到任何干扰时，大脑仍然会出现失误。不管我们认为自己的觉察能力有多好，事实上，我们是在这个纷杂的世界里通过演化程序一步一步进化而来的，我们不可能看到和察觉到每样东西。虽然说看漏一个句子里的 F 不是什么大不了的问题，但是，在很多的情况下，漏看东西却是极其严重的失误。

（不错失）细节的重要性

小细节会带来大不同。安排一个重要的电话会议时是按照 EST（美国东部标准时间）还是 PST（太平洋标准时间）；去接结束足球训练的孩子，是在晚上六点半还是五点半；盐要放 1 茶匙还是 1 汤匙，差别都非常大。如果错失重要的细节，在生意场上会造成信任危机，在生活中也会酿成大祸。

这句话反过来说也正确：找到并注意到细节，不仅能帮助我们避免灾难，还能给我们带来成功，或是解决问题的方法。想想那些行业巨头因为注重细节而成功的例子。苹果公司并不是偶然凭借他们完美的审美观而享誉世界的，而是凭借下意识地在每个细节上的辛勤打磨——从利用寸镜在屏幕上检验每个像素点，到雇用包装设计师的团队，这些人用了数月来完善开箱体验。对沃尔特·迪士尼来说，仅仅推出一种最新形式的被叫作“发声机械动画人偶”的机器人动画片，还并不够。即使工程师告诉他困难相当大，他还是坚持要让魔幻音乐屋里的热带鸟和总统大厅里的总统们像真人那样呼吸、坐立不安、来回移动，即使在没有打照明灯的时候。“人们一定是能感知到完美的。”在解释原因时，迪士尼这样回答。在客户服务协会上，总是同一家航空公司被评为第一名，这并不是什么巧合的现象，维珍航空正是因其在细节方面的努力让它成为了行业的骄傲：值得称赞的便利设施和工具、供孩子们娱乐的双肩背包，甚至机内的按摩。维珍航空甚至把他们重视的东西打在了网页上做宣传，即“把所有的细节做得恰到好处”。

掌握细节能够给你带来竞争优势。做事做到极致、体贴，并非对每一个人来说都是核心价值，所以，如果你能够在做事时优先考虑这一点的话，会让你在那些不在意细节的群体中脱颖而出。

一旦你能够训练自己描述细节的能力，你也会发现，它们是成功解决问题的关键——无论你是在车上给一个故障的接触转换器做判断，还是在 SAT（学术水平测验考试）中冥思苦想正确答案。解决问题的方法常常蕴藏在我们容易忽略的细节之中。是否能关注、瞄准别人看不见的事物，在任何领域都会带来“成功或失败”的极大差别。

马库斯·斯隆并不像大多数的高中数学老师那样担心 SAT 考试，倒是纽约州政府考试总让他夜不能寐。通过考试的数学部分是获得高中文凭的要求之一，而且他所在的市中心的小型公立学校在仅仅一年的时间里，毕业率大幅下降，从 76% 跌到 53.6%。他知道，如果他的学生想要打破贫穷的魔咒——这个学校 99% 的学生被归为“经济困难的学生”——他们必须要先毕业。

每天早晨，当斯隆走过布朗克斯区的学校时，他都会意识到自己的工作快要完蛋了。外部的评估显示，他的学生不羁无礼——至少评估人员去学校时，学生的表现是这样的。这所学校的学生长期无故旷课，平均出席率只有 72%，而城市里其他同样规模的学校，出席率则是 90.5%。更糟糕的是他们的州政府考试。

整个州的平均水平是77%的学生能够达到数学部分要求的及格线，但是在斯隆的学校里，只有39%的学生合格。

斯隆回忆自己班里学生的反应时，这样说道："他们集中注意力的时间很短，很难掌握学习中的最新概念。"但是，在完成第一年的教学后，斯隆总结出，他的学生成绩差并不是因为他们的智商低。他注意到，他们解题的不足之处在于，他们不能聚焦于长期的任务中，也不能对具体细节保持专注，这两点，恰恰是解决多步骤数学问题的必要条件。

他解释道："在标准考试中，排除一到两个选项后，学生们还是很难从给出的信息中找出必要信息，或是从信息中得出必要推论，所以选不出正确的答案。他们会忽略问题描述中的关键信息，要么就用描述中给出的所有信息来答题，而不是只选择真正相关的细节。"

他以2006年6月15日举行的纽约州政府考试为例。"有一个问题，给出了墙头和地面上离墙角一定距离的一个点之间的俯角。我在批阅试卷的时候，发现很多学生错误地用'仰角'代替了'俯角'进行计算。"他说。他班里的学生已经做了一些往年政府考试的题目来练习，很多问题都涉及计算"仰角"。无论他们之前做了多少作业，或者计算仰角、俯角两种题目的能力有多高，然而错看一个词，把"仰角"看成"俯角"，就让在他们临场的考试中得出了错误的答案。

斯隆意识到，这个简单但是致命的缺点——看漏重要的细节——会危及学生的未来，他决心要解决这个问题。他知道需要做一些不平常的事情才能达成这种看似天方夜谭的目标。

“我想用一种具有创造性的方法，帮学生塑造一种思考方式，从而让他们在数学学习中取得成功。”他说。

他听说我在曼哈顿弗里克美术收藏馆举办了针对医学院学生的培训，很想知道观看弗美尔的画是否能对这些挣扎在及格线上下的学生有所帮助。

“我想，如果这能够帮助医学院的学生提高诊断能力的话，或许也能对我班上的学生奏效，”他回忆道，“具有关注细节的强烈意识，对医学来说是很重要的，对很多其他领域也同样重要，包括数学。”

我完全同意他的观点，于是我走访了斯隆的学校，选出一些画作的图片，用幻灯片演示给他的学生，引进“客观观察”和“找出恰当细节”的概念。一个星期后，斯隆带了一组九年级和十年级的学生，来到弗里克美术收藏馆慢慢地参观。学生们讨论观察的过程，完成关于“他们看到了什么”的笔记作业。我们把学生分成小组一同研究这些画作，然后要求他们把自己小组观察到的东西告诉所有来参观的同学们，从而帮助他们清楚地表达自己从整体上和细节上所观察到的东西。

效果是显著的。他们全神贯注地听讲，用心地练习，而且对提出的问题给出了带有思考性的回应。斯隆对他们的改变感到吃惊。

“有些学生的变化令我耳目一新：他们机敏、热切而且精力充沛。”他回忆道，“看到学生们这样投入，我真的很兴奋。通常他们在学校的学习中都表现得很痛苦，而且会为自己设置障碍。”

回到教室以后，斯隆注意到，参加博物馆训练的学生们要比没有参加过的学生更容易注意到数学题之间的相互联系。

我们又继续对这所高中的两组学生进行这个培训项目，每一组学生参观两次博物馆。在参加课程的笔记问卷中，绝大多数的学生表示他们很享受仔细地观察画作，并且要求提供给他们更多这样的机会。有将近三分之二的学生在问卷中写到找出细节并且专注于细节的重要性——这正是斯隆想要灌输给他们的概念。更让人欣慰的是，在当年的州政府考试中，达到合格线的学生比例上升至 44%，而且在之后的一年，又上升至 59%。

斯隆一开始想解决这个大问题：怎样让表现不佳的学生在标准考试中提高成绩。别的老师都在用同一个方法——让学生们做考试题——但是根本不奏效。那些老师忽略了藏于表象之下的关键细节：学生的脸上写着“不专心”和“不感兴趣”，而斯隆却发现了这一点，而且他知道，在他给学生们丢去更多套习题之前，他首先需要解决的是学生糟糕的态度和无法集中注意力的问题。解决问题的方法并不在于数学，而在于他们的思维定式。一旦他们参与到这项新奇的观察画作的活动中，视野就能被打开，从而关注到更多在日常生活中曾经忽视的细节。

以细节为导向

我们已经知道大脑是如何运作、过滤信息、错失细节、遗忘和改变的了，那么我们怎样做才能让它更加以细节为导向呢？第一步，也是最简单的，因为我们早就已经实现了它，那就是“意识到”。

如果我们不知道某样东西坏了，也就没办法修理。西弗吉尼亚医学院的眼科学教授、心理学家马克·格林博士主张：“大多数人错误地相信他们很少遭遇无意盲视，因为他们意识不到自己‘没意识到’。”现在，我们意识到自己天生就会有盲点，我们就能够有意识地去克服它了。

每辆汽车都有一个盲区，即当我们坐在方向盘后面时所看不见的区域。为了让似乎看不见的东西被看到，我们必须首先“意识到”这个问题，然后再从身体上做改变，转过肩膀或者调整后视镜，从而弥补我们看不到的盲区。州立农业保险公司提出了唯一一个让新手驾驶员真正理解并且学会如何不带盲点地安全驾驶的方法：花时间在方向盘后面观察。同样地，这个观念也适用于其他的视觉盲点。

洞察力对注意力有要求，所以我们需要积极地找出细节。我们在艺术作品里对于细节的关注越多，看到的就越多。为了帮助我们看到藏于表象之下的红木桌子，我们翻到本章开头再看一下这幅画。仔细看一下温思罗普夫人身旁那张红木桌子。在桌子上面和周围，你看到了什么样的细节是你之前没有注意到的？

你有没有注意到，在沿着画面左下方倾斜的桌子边缘有高光？木材的纹理从西北到东南对角延伸？那么，温思罗普夫人在桌面上的倒影是怎样的呢？我们能看到她连衣裙的蓝色和蕾丝袖子的白色，也能看到她衣裙上扇形的荷边装饰。她拿在手上的油桃树枝也倒映在桌面上，事实上从这倒影中看起来，好像她拿在离桃枝根部足有几毫米的位置，她的手臂在倒影中清晰可见，还有她的 8 根手指，不过我们看不到她的两个大拇指。

再仔细看看温思罗普夫人的双手。她嫁给了一位地位显赫的哈佛教授，美国第一位著名的天文学家，我们能在她左手无名指上看到她石榴红的结婚钻戒，不过，如果仔细看红木桌子上的倒影，就会发现在倒影中却看不到那个戒指了。

如果我们第一次看漏了红木桌子，那么我们也会漏看那个“消失了的”结婚戒指。这是一个很能说明问题的细节，不应该被忽视，因为画家科普利对红木桌子进行再创造时如此用心，不可能因为不小心疏漏了那样东西。至于科普利为什么没有在桌子的倒影中画出那枚戒指，就不得而知了，可能是出于对温思罗普夫人婚姻状况的评价，也可能只是画家玩的视觉游戏。我们并不需要分析到底为什么这个戒指在倒影中消失了，但是我们必须注意到这个事实。如果这次不注意的话，也可能在将来错失非常重要的信息。你永远不知道什么时候，一个小细节会帮助破案，或者为一个难以捉摸的问题予以解答。

错失关键细节意味着也会错失由此而引出的其他细节。当我们看到了红木桌子，就会接下去看到那个没有画在桌面倒影中的戒指；当我们看到患者床尾坐着的他的妻子，才能接下去看到他更完整的病史；当我们看到了那条翻过来穿的裤子，才会进一步看到罪犯在刻意隐瞒什么。看到的越多，那么我们以及和我们一起做事的人才能发现更多不寻常之处，这样才会发现那些我们未曾找到的解决问题的方法。

非语言交流中的细节

另一个隐藏“表象之下的重要信息”的地方，就在别人身体上的暗示里，也就是肢体语言。非语言的交流是很能说明问题的，以致于那些负责高犯罪率街区的警官，会在训练时被要求不要把手放在口袋里，因为那会发出一种权威或者无聊的信号，然而警官应该随时做好准备，保持警觉。

看看温思罗普夫人是怎么拿油桃树枝的，那油桃的茎干被奇异地安置在她指间，就好像她拿着的是个书写用具。画家是有意这么做，从而给我们一些关于温思罗普夫人的暗示吗？如果我们更仔细地顺着这个脉络观察下去，就会发现温思罗普夫人是一位在美国革命战争期间富有表现力的多产作家。她的书信、年鉴和杂志被当作重要的第一手资料存放于哈佛大学的档案馆里。

我们寻找细节的时候，要留意一个人是怎么拿油桃树枝的。注意人的面部表情、姿势、说话的语调和眼神的交流。还有，看一个人是如何站立的，以及她有没有咬自己的下嘴唇——这些都是人人都能收集到的细节。我并不是肢体语言方面的专家，但是我已经学会下意识地寻找它，从而学会对别人给出的非语言信号有更高度的认知。我能辨别出某人并不想和我交谈——明显缺乏眼神交流，而且那个人会快速地只说重点，然后转移话题，甚至离开。如果一个人不想介入一段持久的对话，他就倾向于站在和我保持一定距离的地方。你并不需要知道正常的眨眼频率，以便去观察某些人目光是否很快就闪开，但是如果你从来不看一个人的眼睛，你就观察不到那些非语言的信息。

邦妮·舒尔茨是纽约州的一个保险调查员，她告诉我，在她工作了 10 年以后，她仅仅凭借肢体语言就能知道一个人是否在说谎。

“这都是一些小细节，但是你能够看出来。”她说，“他们会转移视线，或者根本就不和你有眼神的交流。他们会略微地转身，或者肩膀略显僵硬。”

我最近去了一家水疗中心领回一张按摩证书，那是我的生日礼物。我走进一间灯光昏暗的理疗室，在我开口说话之前，理疗师问我冷不冷，头颈有没有受伤。在我最初观察周围陌生环境的几秒钟里，这个理疗师正在打量我，她已经留意到我看见角落里的加热器并且紧张地搓揉我的脖子——两个极细小的、无意识的动作。仅仅凭借从我的肢体语言中收集到的细节，她就为我提供了世界一流的客户服务。

马库斯·斯隆的学生并不会举起闪视卡片说：“我厌倦了。”我也不会在水疗的时候说出我的不适。斯隆和那个按摩理疗师需要去解读我们的姿势和眼神中的讯息。并不是每个人都能够自如地大声表达自己想要的东西或者自己的意愿，但是，如果你能敏锐接收到他们用其他方式表达出来的意思，你就会获得他们的商业价值、忠诚和信任。

观察的策略

除了意识和注意力以外，我们还能用一些其他的特殊策略与无意识的疏忽做斗争。我的一些客户喜欢给他们的工作使用代称，那么，我决定也用这个办法帮助大家记忆我们的步骤，我把它叫作眼镜蛇（COBRA），并不只是因为它听起来很酷，而是因为这种蛇中之王视力相当好。眼镜蛇天生就有夜视功能，可以看到 330 英尺（约 100 米）之外的猎物，而且它们有吐出毒液的恶心习惯，能够很准确地吐进敌人的眼睛里。

对我们来说，这个 COBRA 代表这样的步骤：Camouflaged（对假象集中注意力）、One（一次只做一件事）、Break（休息一下）、Realign（调整预期）、Ask（请求别人和自己一起看）。通过这个步骤，从而揭示那些隐藏着的细节。

对假象集中注意力

我们很难看到不显眼的东西，比如刚才提到的红木桌子，因为我们有一个天然的、基于生存的本能：让自己看到较显眼的或格格不入的东西，而很难去注意到那些融于背景中的事物、天然的伪装，或小而微妙的东西。幸存者、战士和罪犯就利用这一点去隐蔽自己，所以其余的人就必须加倍努力去发现那些并不能“自动地”显现出来的东西。

调查人员没有看到纳塔维亚·洛厄里翻过来穿的裤子，因为乍看起来裤子非常普通。在他们的预期中，她就是穿着裤子的，而且裤子看起来很干净，所以可能他们就觉得没有必要对她的裤子多加关注。如果洛厄里走出大楼的时候穿的是内裤，那就会很显眼，然后调查人员很可能会马上发现。如果患病老人的妻子有紫色头发的话，医生也许就会马上注意到她，因为不寻常的头发颜色能引起人的注意。不然的话，这位女士就会融到医院里的其他人中。

我们会本能地去接近新鲜的、富有创意的、令人兴奋的事物。为了能看到隐藏在表象之下的看似平常的东西，一定要下意识地寻找容易一扫而过的细节。为了做到这点，我们需要多看一看，看全景，看所有的边边角角，回头再看。然后，如果有可能的话，必须把物体或者场景进行重新布局，才能看清。最后，必须改变自己的方位和角度，近距离看，后退一步看，绕着它看……不寻常的角度会帮助我们解释不寻常的细节。

一次只做一件事

为了提高发现“隐藏细节”的机率，我们需要聚精会神，保持专注，把注意力只放在这一件任务上。在如今崇尚多重任务的世界里，快速做很多错综复杂的事情似乎是司空见惯的，而只专注于一件事情好像有些反常，但是事实上，多重任务会导致工作效果变差，效率变低，因为大脑不能在同一时间专注于好多事情。我们究竟能同时做多少事情？有一项新的研究表明，人类在工作状态中，记忆的上限是同时做4件事——这个数量真是低得出奇。

斯坦福大学教授克利福德·纳斯将这个研究又推进了一步，他认为：“多重任务在每个方面都有坏处。”运用机能性磁共振成像原理研究正处于多重任务状态的大脑时，他发现，从事多重任务工作的人们常常在“忽略无关紧要的信息”“把信息有序高效地储存在脑中”和“从一个任务转移到另一个任务”这几个方面都做得极其糟糕。

比利亚诺瓦大学认知科学项目的总负责人查尔斯·福克博士解释了原因：“你无论什么时候做一件事——不管它是视觉的、听觉的或其他感官——都会用到特殊的一系列认知活动。你处理越多的任务，你就会从有限的资源储备仓库里拿走越多。”

当大脑承担着繁重的认知重负，它就会比往常更容易让原本不会被过滤掉的信息飞掠而过。所以，如果研究人员在填写一个不同罪案的报告时，还在边看琳达·斯坦因案件的连续镜头，一边讲电话，那么他们注意到重要细节的几率将大幅降低。

为了避免多重任务对大脑的影响，我们要专注于手头的一件事。这被叫作“单一任务”或者“单任务”，这种理念在如今的商业世界开始流行起来。把其他让我们分心的事放在一边，关掉电脑，不去看手机，只用眼睛去观察。在这个要求我们一次要做很多事情的世界里，做到这一点或许很难——有报道说，在普通工人的日程表中有30~100件项目，每小时要被打断7次，每天会有2.1个小时分散注意力——但是《福布斯》（*Forbes*）杂志认为“集中注意力是一种必须要锻炼的‘头脑的肌肉’，尤其是当你的这项能力常年被多重任务消磨的时候”。这也是我不允许学员在我的课堂上使用手机，并且喜欢把学员带出他们办公室的一个原因。当他们避开了持续不断的干扰，才能真正专注于自己的观察，结果是，他们能看到更多的东西。

休息一下

你还要确保不能过分运用“单一任务”肌肉。人类的大脑并不是为一次性工作数小时而生的。为了防止刺激过度，大脑会迅速对面前发生的任何事情做出适时反应。同理，我们不会一直感觉到我们坐着的椅子或者身上穿的衣服，这个内置的过滤器也有助于解释我们为什么忽略“红木桌子”——也可以是车钥匙、丢失的收银条，或是保持收支平衡的方式——当我们一遍又一遍盯着观察之后，会发现这些原本就存在的东西。

心理学家认为，只要我们懂得休息，就能保持认知控制系统的警觉性和长时间的注意力。专家推荐的这种休息方式可以分为两部分。第一，每 20 分钟就要让大脑休息一次：从你聚焦的那种事情中暂时停顿一下。关键是去做一件和刚才所做的完全无关的事。如果你刚刚在读一篇报告，那么不要转去读邮件，而是转移到一件运用其他技能的事情上去，比如和某人面对面地聊天。第二，每工作 90 分钟就要休息 10 分钟，散散步，最好到户外去：做做运动，即便只是在桌子旁边练习瑜伽；做些让你愉快的事，比如打个盹儿。

过多的噪音和感官上的超负荷也会给大脑带来压力，让它的工作效率降低。如果你所处的环境过于嘈杂或拥挤，你可以考虑过一会儿再回来，去一个安静的环境中（我强烈推荐任何一所附近的博物馆）。

许多名人都发现，他们那些著名的解决问题的方法常常是在休息时灵光乍现的。艾萨克·牛顿爵士在自家院子里看到一个苹果掉下来，从而解决了困扰他多时的关于重力的难题，而当时正是因为剑桥大学爆发灾祸而停课，他才回家休息的。1901 年，法国数学家昂利·庞加莱经过几个星期徒劳无功的挣扎之后，暂时离开地质学实地考察的工作台，去海边放松，才成功发现了数学证明公式。当他分析自己的成功经验时写道："当我们处理一个很难的问题时，一开始是做不出好成绩的。于是有人会休息一下，休息时间可长可短，然后再回到工作中去……可能有人会说在充满精力时主动工作会更容易出成绩，但如果能在这样的工作间隙进行小憩，让身体重新恢复饱满的精力，那么就会在工作中取得更好的成果。"

我把负责凶杀案的侦探带到博物馆，要求他们从收集有效证据的任务中抽身出来，去关注一些案件以外的事物，并换个角度想想他们所做的事情。重新观看能够给他们带去新鲜的视角，而且常常能带来片刻的休息，这种休息是他们之前从来没有的。这点对于任何一个把艺术觉察当作新奇活动的人来说，都同样奏效。除非你的工作就是整天盯着这本书里的几幅图看，不然的话，分析我在书中分享的艺术作品，也能够帮助你的大脑重新恢复精力。

调整预期

我们经常漏看那些预料之外的事物，因为我们对于“认为应该出现在那里”的事物投入了过多的关注。调查人员确信，当纳塔维亚·洛厄里离开琳达·斯坦因的公寓时，大包里是装着杀人武器的。于是他们研究包的尺寸，包底部是怎么鼓出来的，以及它看起来有多重。在审讯的时候，首席检察官谈到洛厄里拿着包离开的镜头时说：“那包重重的，里面一定装满了什么东西。”太多的关注放在了包上面，然而结果是，隐藏在表象之下的裤子才证明了嫌疑人有罪，并说服了陪审团。调查人员在破案的时候，拼命地“找”确凿的证据（也就是那个致命武器），但是他们没有单纯地去“观察”。

这个固有的预期给我们的认知过程增加了额外的过滤器，让我们错失其他信息，就是因为大脑把这些当作无关紧要的信息。我们不“知道”大脑会过滤掉什么东西，所以我们需要提醒自己放掉那些事先形成的观念，只是单纯地看。而且有时候我们可能需要让别人来帮忙看一看。

请别人和你一起观察

最后，既然每个人认识这个世界的方式都不一样，那么你在探索过程中可能会需要一些支持。请某个人带着新鲜眼光和你一起观察，如果这个人拥有和你不一样的视角、背景、观念，那会更棒。

我发现，那些不愿求助的人常常害怕寻求帮助会使他们显得无能，但我反而认为这是有能力的表现。因为别人可能会看到问题的答案，而这一过程恰是用另一种方式证明了我们在努力探索解决问题的方法。

***

戴夫·布利斯知道答案就在他的面前，但他却视而不见。他是商业清洁公司的一位销售经理，最近遇到一个新的大客户正要光顾他的生意，但是有一件事阻挠着这项合作：布利斯竞争对手的公司已经和这位客户签下了合同。

这个潜在的客户是一个拥有40幢大楼的医学服务机构，将会是布利斯公司里的超级大客户，他决心做成这门生意。当布利斯表示，如果客户能把生意转到他的公司里来，每年能够省下13.7万美元，客户很想马上签合同，但存在一个不利因素：客户已经和布利斯竞争对手的公司签订了5年的协议，还有3年才到期。

“如果你能解决这个难题，我就和你签合同。”这位大客户对布利斯说。

布利斯知道合同里一定会有些小漏洞，但是在对着这份纸质的合同看了数小时后，他还是看不出来。那些条款相当生硬呆板；事实上，他已经在日期处做出了醒目的标记：“本协议自签署之日起生效，有效期为自服务开始日起的60个月。”合约是2013年4月4日签订的，他们的服务于一周之后开始。而且人人都觉得条款可以接受。

在最近参加了我的课程以后，布利斯决定运用COBRA法。

他记得第一步是对假象集中注意力，所以他知道，隐藏着的答案可能就在他面前。他花了大部分时间试图处理信息数据，在合同里找答案，但那可能并不是真正的答案所在，也许他应该去注意一下文件的其他地方。

一次只做一件事。布利斯把自己的电话调成了语音信箱，以免分神。他关闭笔记本电脑，单单就是观察。

休息。20分钟后，布利斯还是什么都没找到，而且合同上的字似乎已经开始在纸上游动，于是他决定起身，到休息室走一走。当他再次回到办公室的时候，感觉好多了，因为换了换眼前的景致，还找到一块别人留给他的生日蛋糕，这让他又精力充沛起来。

重新调整预期。我想要发现什么？布利斯问自己。他想要在合同里找出解答，但那可能是个错误的预料。我要不要反过来想想？他思索着。有没有一种让客户继续保持旧合同的办法？可不可以让客户雇佣他公司的同时又和别的公司签合约？

请别人和自己一起看。他求助于一位辩护律师朋友。

“有没有什么办法，一个公司可以和旧的合约伙伴保持信用关系，同时也使用我们的服务呢？”他问。

“当然可以，”律师朋友回答。“只要达到其他合同里的最低要求就可以了。”

最低要求？ 布利斯的公司没有最低的订单要求，他想，客户的旧合约也许会有呢。他快速浏览手上合同的第12条：“最低费用：每笔服务50美元。”

于是答案就出来了。正是这句话，给布利斯赢得了一份每年

83.2 万美元的合同。客户签订新合同后，只需要缩减旧的服务公司所提供的项目，即每周只为一幢大楼提供一天的清扫服务，客户则按每笔服务的最低费用 50 美元来支付就可以了，这样客户每年只需花费 2600 美元，同时，和布利斯公司合作，每年可以省下超过 13.4 万美元。如此一来，布利斯便成功获得了这单生意。

虽然人类的生理盲点会导致我们漏看东西，但我们还是能够运用认知能力来确保重要的信息不会在不经意间从过滤器里溜走。训练大脑进行更有效的观察和感知，不仅可以帮助我们看到更多，还能帮助我们错过更少。

“看到整体”的重要性

当你掌握了抓住重要细节的能力时，你还要小心，不要将对细枝末节的捕捉凌驾于其他重要信息之上。

1972 年 12 月的一个晴朗的晚上，夜晚 11 点 32 分，美国东方航空 401 次航班的洛克希德三星客机在从约翰·肯尼迪国际机场顺利返航之后，飞行员正准备在迈阿密国际机场降落时，副机长注意到座舱的起落架指示灯是灭掉的。于是有着超过 29 000 小时飞行经验的 32 岁的机长，对控制塔发出无线电广播：“看起来我们需要盘旋飞行，因为指示灯还没有亮起。”

在海拔 2 000 英尺的安全航行高度，机长开启了自动巡航功能，并开始检查为什么起落架手柄下面的自锁式方形按钮没有变绿。难道它被烧坏了吗？或者是起落架确实没有锁定到正确的位置？在之后的 7 分钟里，航班的空乘人员被这盏小小的灯搞得非常困扰。他们转动把手，想努力拆掉它，咒骂它，却又怕把自锁按钮弄坏；他们设法回忆上次测试的时候它是不是亮的，或是用手帕裹住一对钳子，对它又拧又按，或是讨论镜片是不是安装错误，并且用了所有的办法让它发亮。与此同时，根据驾驶舱语音记录器的记录，他们把其他的一切都错过了。

大概是在机长转头和后面的人讲话时，同时靠在了控制杆上，即飞机的 W 形状的“方向盘”，于是他误将自动巡航模式调成了保持最后状态的模式。他没有注意到，靠在 W 型操纵杆上会让飞机下降，机舱里没人注意到客机在弗罗里达大沼泽地开始进入缓慢的下降状态。在海拔高度不到 250 英尺时，机舱里又发出了警告音，但仍然没有人注意到。他们压根没有注意到那些别的更重要的事，直到飞机离地面只有 10 秒的距离时，机组人员还在专注于那个价值 12 美元的电灯泡。

检查了这起飞机失事残骸之后，国家交通安全局认为起落架是降落的，并且锁定在固定的位置上，而且起落架的指示灯实际上是烧坏了。飞行员本该知道这点，如果他们能正确地看到驾驶舱下面的小视察窗，那上面提供了起落架的可视状态；而且，即使起落架没有放下，它们也可以手动操作。这班飞机本可以安全降落，如果机组人员没有被一个按钮所干扰。可是与之相反，176 人中有 101 人，包括每位机组成员，都在这场坠机事故中断送了性命。

我们也许总想去评价这些飞行员，但是，非注意盲视发生在我们每个人身上。对于“管状视力”的纠正，同样也需要用到与其他盲视做斗争的方法：从别的角度看，看边边角角，从你当前的活动中休息一下，退一步看并确保你观察到了整体。

教育家相信，能同时在简单系统和复杂系统里最好地看到整体的学生就是视觉学习者。同样地，学习艺术作为一种视觉手段，会促使我们运用视觉空间的才能，并且使之更加敏锐，最终可以帮助我们在观察大型图片的时候也能看得更为清楚。

画一幅图

我们对于一些大事小情的沟通交流，大多是在事情发生以后。我们通过讲述、短信、邮件来记录我们所看到的东西，如果我们无意中忽略了某个重要细节，那么，那些没有第一时间在现场的信息接收者将永远不知道是否有信息遗漏了。作为最初的信息源，我们有义务在沟通中包含所有重要的细节，同时也能够把握整体。

当我还是一个见习辩护律师的时候，法官为了鼓励我们去练习完整的、细节丰富同时贯穿整个事件的描述，经常要求我们把信息的转达看作是“画一幅图”，从而说服法官和陪审团，因为他们不在现场。同样的说法也适用于以下情况：从证人那里听到故事；儿童福利工作者做填写家访报告的任务；或者保险审核者调查一起索赔案件。

为看到的东西“画一幅图”，我们必须首先意识到是从一张空白的画布上开始作画的。只有被有意地画上去的东西才会被别人“看到”。我们不该让画布空着或者不完整，而且我们更应在画布上把图画成准确、客观、有描述性的事实，既运用粗线条又运用细节来记录我们所观察到的东西。

举例来说，我和家庭保护服务的调查人员一起做事，帮助他们描述他们所拜访的住宅，从门外就开始，而不是从前面的门厅。草坪是否杂草丛生？住宅是不是靠近繁忙或者危险的街道？有没有成堆的垃圾？一旦进到房屋内部，他们就必须浏览整个环境。地板是否干净？周围有没有动物，如果有的话，它们是不是看起来很健康而且被悉心照料？家里有什么样的气味？窗户有没有装窗帘？

接下来就要关注细节。咖啡桌上有什么？杯子？弯柄羹匙？打火机？《圣经》？纸张和蜡笔？色情杂志？这不是在判断，而是在收集事实情况。

见孩子的时候，看看他们的牙齿。牙齿是否干净健康？如果孩子蛀牙严重，就很可能从未去过牙科诊所。微小的细节可以让我们对于这家人是否悉心照顾孩子有更多整体的印象。

我教他们研究一下他们被叫去拜访某人的原因——然后，进一步地观察。如果只专注于被报告过的事件，会让他们漏掉家里更大的警告信号，这样就会导致孩子遇到更大的风险。调查人员需要认真地对细节进行分类，同时又要察看家里其他人的动态。这样的练习通常是会得到回报的。

社会工作者乔安娜·朗利第一次拜访位于宾夕法尼亚农村的一户人家，调查一项疑似儿童被疏于照顾的指控时，她将访问中所有相关细节都记录在一个报告里，详细描述了一幅图景，以便其他的同事也能够接手并跟进。房间破碎的前窗被几块木板遮盖，信箱的槽被管道盖住，有个女人到前门应答来访者，并说自己是这家孩子的母亲，她拒绝让朗利进门。这位母亲把自己挤在微微打开的门缝后面，表现出防御性的肢体语言，她身上有香烟味，朗利说外面在下大雪，自己需要有个遮挡的地方，这位母亲也断然拒绝了她的请求。

尽管这位母亲很不友好，朗利自己也非常不舒服，但她还是保持着对环境中客观事实的关注，而非交流中的主观情感。同时，她也在脑海中描绘了一幅大的场景，她知道如果轻易地转身离开，就会失去一次对孩子进行专业评估的机会。

朗利没有因为受到辱骂和伤害、客户态度恶劣和自己被冻得冰冷的脚趾而打退堂鼓，她还是继续仔细客观地观察。她的目的是要亲眼看到这个女人的孩子们，记录他们的健康状况、发育情况和外貌等方面的细节。尽管前厅的走廊上并不是个理想的地点，但她还是在那里完成了采访。她简要地询问了每个孩子，以确定他们并没有受到直接的人身威胁。朗利花费了一些功夫从自己的主观观察中还原了实情：虽然这位母亲并不友好，但她并没有虐待儿童。那么，她的冷淡会不会是源于防御性的目的呢？或许她之前曾与权威势力有过不太愉快的交涉经历。这位母亲是这个房子的主人，这是她的房子，她有权利决定谁可以进来。

朗利有意识地决定要找出有关儿童人身安全的重要细节，于是按照这位母亲的意愿，在门外得到了她想要的事实。因为尊重这位母亲的意愿，朗利赢得了她的信任，而且她欢迎朗利进入她家进行拜访。这位母亲甚至向朗利敞开心扉，并开始和朗利一起做事，来改善孩子们的生活。

让我们用一幅实际的画来练习“画一幅图”吧，找出大大小小的细节。

看看下面这两幅并排的画，因为我们自己的画布是空白的，所以我们先假装不认识这两位先生，姑且把他们称作 1 号和 16 号。运用我们在上一章学习的观察模型，还有一些现代的记录系统，保持井然有序。记录的工具可以是笔和纸、智能手机，或者便签纸，对着两幅画面做一个客观的观察。写下你能找到的事实细节，越多越好。对比这两幅画的人物、事件、时间和地点，比如，1 号是站着的，而 16 号是坐着的，两个人都是 3/4 的侧身像，脸朝左。你最好能用 2~5 分钟来做这个练习，现在开始。

吉尔伯特·斯图尔特，《乔治·华盛顿（兰斯肖像）》，1796

亚历山大·加德纳，《亚伯拉罕·林肯》，1865

你发现了什么？你有没有注意到他们的穿着、背景、发型的不同？他们的肤色的相似点呢？都在一张桌子旁呢？你有没有注意到那两张桌子有什么区别呢？包括高度，位置和外观。

那么，他们的肢体语言又是怎样的呢？你会怎样描述两人的姿势？在情报分析师的课堂上，有位学员告诉我说“16 号很被动，1 号更坦率”。“被动”这个词是带有主观色彩的，解释是开放性的。我指出坐在教室后面的一位学员，那是个开朗活跃的男人，他也同样做出把两只手臂放在胸前的姿势，可我们绝不会说他“被动”。要试着做出更客观、更具体的表述：1 号伸出了手，手心向上，16 号手臂放在身前，双手指尖轻触。

你有没有描绘出，1 号左手拿着一把剑，16 号右手拿着眼镜？

他们的视线方向是不是也有所不同呢？分别看向哪里？

他们的表情有什么不同？当我想说 16 号“带着假笑”的时候，那也是带有主观色彩的推断。若要说得更细节化，可以说：16 号的嘴角略微地上扬。还有更多其他的细节，包括：16 号的头发很凌乱，眼袋松垂，领结胡乱地系着，西装也是皱巴巴的。不能因为他是美国总统就忽略他在这幅图中的糟糕状态。你在观察时，要了解并通过人们的外表状况来理解他当时的状态。这些都是有价值的信息，大大有利于观看者形成对肖像画的总体印象。

现在，让我们回去找一找两幅图里与众不同的细节。列举出来，越多越好。

通过记录细节，你有没有注意到 1 号鞋子上的环扣以及 16 号背心上悬挂的表带？有没有注意到 1 号手上拿着的剑是有护套的，16 号手上的眼镜是折叠起来的？有没有列出右边那幅画里的灰尘和划痕？左边那幅画中堆在桌子下面的书？两本大书，几乎和主人公的膝盖一样高，靠在金色的桌腿上。

你有没有看到 1 号肖像画右上角的彩虹？如果没有，就像《伦肖的母牛》一样，我敢打赌你现在已经不能停止去注意到它了。很多细节就像画中的“红木桌子”：看上去并不显眼，但是它的确存在，所以值得注意。在这个案例中，这就是一个很能说明问题的细节：在美国的艺术史中，有至少 25 000 幅画是关于乔治·华盛顿的，但只有 3 幅画有彩虹。注意到彩虹，能够帮助你确定这幅画的创作时期，它创作于 1796 年，是华盛顿作为总统的最后一年。在画中加上一道彩虹，象征着这位美国第一任总统带领这个年轻的国家走过几十年的风雨，繁荣的日子就在前面了。

如果你漏看了彩虹、眼镜、护套或者大书，请记得在寻找细节时运用 COBRA 法。尤其是去寻找那些可能被假象隐藏起来的东西，每次看的时候要把注意力集中在一件事情上，休息一下再回来接着找，重新调整自己关于“那里应该有什么”的预期，并且请另外一个人来和自己一起看。

最后，在这两幅图里，什么是我们在观察中不应忽略的“整体情况”呢？那样东西太过明显，以致于大多数人都假定它们根本不需要被注意吗？退一步，然后想一想那个并不微小的事实是什么。那就是，一幅图是黑白的，而另一幅是彩色的。还有一个“整体情况”也被很多人漏掉了：一幅是画，而一幅是照片。每样东西，就像温思罗普夫人的红木桌子，我们都必须注意到。

你的“红木桌子”是什么？

这里所说的并不是人们漏看了闪亮的家具、明明就在床尾的患者妻子、数学试题里正确的仰角或是翻过来穿的裤子，而是那些客观存在但易被忽略的东西，它们才是成功的关键。有时候我们太急于寻找答案，反而会错失那些真正帮助我们找到答案的信息。

为了提醒一组执行官不要漏看存在于他们眼前的东西，我说了这样的一句话：“你的红木桌子是什么？”我们的生活中都有这么一张红木桌子（有可能还不只一张）——那样东西可能对我们的工作有帮助，我们却对它视而不见。

看看你周围，你的家、你的工作室，然后问问自己同样的问题吧。你的“红木桌子”是什么呢？你能够发现什么隐藏于视觉表象之下的东西呢？

***

我们现在已经学会了如何掌握观察的艺术：只收集事实真相，区分客观和主观，同时注意到或大或小的细节以及隐藏的信息。现在，我们将要释放内在的智能分析能力，去解决这样一个问题：如何去了解我们发现的东西的意义。

分析

第 二 部 分

“发现就是看见每个人都看得到的东西，却想到没有人想得到的想法。”

——阿尔伯特·圣捷尔吉

第 6 章

让头脑不停旋转

从每个角度来分析

里约热内卢最古老的贫民区——莫罗达普罗维登斯，坐落在能够俯瞰整座城市的山丘上，但这座由简陋小屋形成的巨大贫民窟，比起毗邻的大都市来看，却是微不足道的。这座贫民窟极度贫穷，暴力犯罪事件泛滥，居民们被外界以各种方式进行孤立和隔绝，不论从经济上、地理上还是社交上。出租车和救护车都不会到那里去，如果你要到山上或者下山，都要徒步走很远。由于害怕危险，即使是新闻记者也不愿意登上那座山。要是有必要的话，他们就派直升飞机从很远的地方发来报告。特种部队曾巡逻过这个区域，但是居民们看向他们的目光中充满怀疑和不信任，将他们当作当地的贩毒头目——这不无道理，因为不管是特种部队还是当地的贩毒头目，都是以团伙的形式开展活动的。

2008 年 6 月，11 名士兵试图从普罗维登斯扣留 5 名年轻男子。其中两名男子逃走，剩下的 3 人分别是 17 岁、19 岁和 23 岁，因被指控对当局有无礼的行为，于是被带到一个部队军营中。据报道称，他们被“卖”到邻近的贫民窟的一个帮派中。最终，他们的尸体在一堆垃圾里被发现。

死者包括两名学生和一名年轻父亲，亲朋好友悲伤地哀悼他们，但是里约热内卢的其他人似乎并未注意到这件事。贫民窟的居民要求声张正义，并且发动了一场小型骚乱，就是为了能引起这座城市的注意，但是没有起到任何效果。这个世界上的人还是把目光投向了其他地方。

JR，“妇女是英雄”项目，巴西，《贫民窟莫罗达普罗维登斯行动，树，月亮，水平面，里约热内卢》，2008

直到有一天，出现了很多“巨大的眼睛”。

有天早晨，里约热内卢的居民醒来后发现了一个从未有过的情况：在普罗维登斯山上，那些摇摇欲坠的房屋被贴上了尺寸巨大的壁纸，上面是极为细致的、特写镜头下的人类眼睛的照片。

那些眼睛从房屋的侧面向外看着，睁得很大，一动不动，一眨也不眨，像是在等待着什么。这座没人想看一眼的贫民窟好似突然瞪大了眼睛，凝视着那些对它不屑一顾的人们。

这些眼睛是什么意思呢？是谁的眼睛？它们怎么会到这些房屋上去的？尽管记者们仍然不敢亲自去瞧一瞧，但他们拍下了这些眼睛的照片，向公众寻求解答。

原来，这些眼睛是一个自称涂鸦艺术家的法国人的作品，他的落款仅有JR两个大写字母。他是个瘦高的男子，永远带着帽子和太阳镜，以隐藏自己的身份。JR了解到这件杀害年轻人的案件，于是飞到巴西想看看自己能否为那里做些事情。他一路跋涉进入贫民窟，并向他看到的第一个人介绍自己。他在那里待了一个月，尽可能多地和当地人接触，包括社区头目、毒贩子、教师、青年人，还有当地的艺术家，努力赢得这些人的信任并向他们咨询各种问题。

“这座贫民窟就在市中心，但是如果你看地图的话，会觉得它好像根本就不在上面。”JR解释说，“人们在说，‘嘿，我们在那儿，我们就在你们的面前，可是你们却视而不见’。”

为了表达贫民窟人民的意愿，JR近距离地拍摄了这座贫民窟里的人们。他觉得，眼睛可以代表一切。他注意到，人们是多么容易躲避他人的目光，所以他很想通过自己风格大胆、充满挑衅意味的艺术作品来做些弥补。他把这些照片打印在防水的乙烯基上，并且指挥居民把这些巨大的肖像张贴出来。完成这些工作后，他便消失了。所以现在，充满好奇的国际媒体特别想实地采访这些主人公，也包括三位受害者的家属。

“完工后，我便马上离开了巴西。”他说，“在贫民窟山丘之下，所有的电视台都在那里，当他们看到这些肖像的壁纸后，就在等待一个说法，而且很好奇这是谁干的，为什么这么做。是那些妇女自发地和媒体谈论这个属于她们自己的项目，看到她们如何用自己的话道出对这件事的理解，我非常感动。”

JR 想要让人们看到，在事件标题的背后是人性在发挥作用。“媒体不是报道贫民窟的暴力和不正当的生意，而是听取了那里人们的声音。这还是头一回。”他回忆道。

通过这个叫作“妇女是英雄”的项目，JR 让里约热内卢的其他地方乃至全世界的人看到他们“后院的落魄景象”。而他所做的，其实是改变人们观看的角度。当人们把比真人大很多倍的、住在这个贫民区的住户的图像描绘在这些房子的外墙上时，这些年久失修的混凝土房子，作为文明和腐败的必然副产品，就很难不被大家重视了。

这个项目也改变了住在贫民窟的人们看待自己的方式。“成为一名国际人”的新想法给了他们一种全新的自豪感，自己也能够参与到一项国际性的运动当中这件事转变了他们的想法，让他们认识到自己也有能力影响和改变外界。现在，莫罗达普罗维登斯已经有了自己的网站，由当地继续管理，而且 JR 留给他们的文化中心每周都在举办活动。

这位摄影师甚至改变了当地政府的视角。里约热内卢的市长向 JR 坦承，这次的展出影响到了他们随后的政治决策。那些卷进原案里的巴西警官被拘留，三位死者——马科洛斯·保罗达希尔瓦，威灵顿·冈萨雷斯，大卫·威尔逊——他们的名字被准确无误地铭记，在全世界范围内播出的新闻中被人们缅怀。

JR 以及那个曾被遗忘的贫民窟的故事，说明了改变观察视角的重要性。如果没有不同的视角，我们对于任何事情就只有片面的印象。当我们单单去阅读普罗维登斯事件的警方报告，或者只选择和死者的母亲交谈然后离开，这都会意味着把重要的信息抛诸脑后。全面广泛地评估和分析，要求我们从所有的角度去观察事物。

在艺术中，视角指的是一幅作品实际上会被人从哪个角度来观看。艺术家会非常认真地考虑如何选取角度，并且在很多情况下，视角由艺术家直接操纵，使那些作品能够有意识地直接进入观众的眼中。比如，很多文艺复兴时期的画家作品，要确保消失点或者所有线条汇聚起来的某一点，准确地落在圣母马利亚的子宫，以强调她作为基督之母的重要性。我们也要运用我们的视角，下意识地管理自己的观察能力，来确保我们尽可能循着每条线索进行考察，且不漏掉任何一条。

视角（perspective）一词，源自拉丁语 perspicere，意思是“看透”，定义为一种考虑或者评估事物时所处的立场。它起源于 14 世纪，“视角”这个词首次被使用，是用于描述某个实体，尤其是用于那种可以改变你观看方式的光学玻璃。因此，望远镜透视其实就是望远镜里的一个弧面的镜片，所以我们可以运用类似的概念来想一想“视角”，可以把它看作是另一个透镜，我们正是透过它来看事物的。

在本书的第一部分，我们已经学习了如何收集信息，现在要开始对发现的东西进行多视角的观察了。那么，我们先从内部和外部对视角进行理解和分析吧。

物理视角

韦恩·戴尔博士的著作一直是最佳畅销书之一，他说过自己成功的秘诀就是他日常生活中信奉的格言："改变你看事物的方式，你看到的事物就会跟着改变。"毫不夸张地说，在我们观看的时候，所站的角度是会对我们看事物的方式产生巨大改变的，所以，尽可能从各个物理角度来获取信息是至关重要的。往后看，往下看，往角落里看，往页面外看，后退一步看，蹲下来看，到处查看每样事物。事物并不总是像它们看上去的那样，尤其不像从单一的角度乍一看到的那样。来看看这一大盆食物吧。

朱塞佩·阿尔钦博托，《L'Ortolano（蔬菜园丁）》，1590

你看到什么了？有一个洋葱、几根胡萝卜、蘑菇、芜菁、白萝卜、大蒜、一簇薄荷叶，中间还有毛球状的东西（可能是栗子），还有几种生菜——基本上是一顿好伙食的配菜。所有的东西都被放在一个黑色容器里，这个容器的材质看上去像是某种反光金属，它被放在一个平面上。

现在，让我们把同一张图倒过来：

朱塞佩·阿尔钦博托，《L'Ortolano（蔬菜园丁）》，1590

从新的视角来看，这幅图完完全全地改变了。它看起来不像很多食材了，我们看到了一个人的轮廓。

我们再回去看看原来那张图，你会想到潜藏在其中的是一个长着胡子的人吗？如果我们能够从每个角度去看它，包括从侧面看或者将图倒过来看，我们马上便能将其发掘出来。在我任教期间，只有一个来自哥伦比亚大学新闻专业的年轻学生，躺在博物馆的长椅上，将脑袋悬在画的边缘，把这幅画倒过来盯着看。我们都应该如此专注。

最近有一次，我在一个国际机场航站楼的外国行李领取处，等着和一个同事见面。我尽了最大努力想在熙熙攘攘的人群中把自己突显出来，我想的办法就是让自己坐下。当我周围每个人在走路、提取行李、查字典和地图，或是在无数的队列中排队时，我只是坐着，以便让自己能够被明显地辨认出来。

我以前也会在机场航站楼里席地而坐，甚至会不小心睡着，但是通常会在门旁边，小心翼翼地靠着墙，其他人也是如此。而这次，我让自己睡在行李领取处的正中间，背靠着一根大柱子，心想那样的话我的同事就不会找不到我。没想到，从这个视角，我看到了自己从来不曾注意到某些细节。当被滚动着的大行李箱遮挡了大部分视野的时候，我一瞬间变成了一个当代行李专家，我也同时注意到人们的短袜和鞋袜、踝关节的刺青、人们如何踩向地面、他们掉了什么东西，以及他们走路是不是颤颤巍巍的。在我看得如此入神的时候，有一张面孔突然进入我的视线，让我非常吃惊。那是一个小女孩，当矮小的她终于可以平视着看到一个人（那就是我）时，她非常高兴，微笑着，不停地和我说话，可惜我不懂她的语言。当她蹒跚着走开，也留给了我她的视角，因为我突然间明白了，当你只有正常人的膝盖这么高，没人看着你眼睛的时候，这个奇怪嘈杂的环境看起来是什么样子的。

米开朗基罗，《大卫》，1501~1504

这是改变物理视角的神奇作用之一：不仅能给我们新的确凿信息，而且会改变我们的认知能力。让我们通过分析世上最有名的艺术作品——米开朗基罗的《大卫》，再来体会一下这样的改变是多么具有戏剧性吧。

作品的人物、事件、地点和时间已经非常清楚：这是一座肌肉发达的裸体男子的雕塑，意在描绘《圣经》中的英雄大卫王决战巨人歌利亚时的神态。这座雕塑是从一块白色大理石厚板上开始雕刻的，大卫站立着，面向前方，头朝左边倾斜，他身体的重心在他的右腿上，左臂弯曲，右臂放在身侧。他手握投石器，站在佛罗伦萨美术学院专门为他建造的可视天窗之下，我们可以在那里欣赏这座雕塑。

人们经常用这样的形容词来描述他：强壮、英勇、放松、憔悴、沉思、和平，甚至是飘逸。16 世纪的历史学家乔尔乔·瓦萨里这样写道："再没有什么作品，能够看到如此放松的姿态，也没有任何作品有他那么优雅，双脚、双手和头部之间如此协调，他在艺术性的和谐、设计和卓越感上都无可超越。"艺术评论家写到他"传达了异常的自信"，是个"完美的男人"，甚至是"评判一个美男的标准"。

关于美的评判，是一种主观的意见。但是，让我们一起来看大卫的图片吧，来看一下那些流行的特性描述——优雅、平和、放松——是否也和我们眼里看到的一致。他的脸看起来很光滑，没有皱纹，嘴唇是紧闭的，甚至可能有一丝微笑，他的站姿很随意，右肩稍稍有些下垂，右手轻轻地放在大腿上。

但是，如果我们从别的角度来看他，对他的评价又会如何呢？因为这个人体雕塑几乎有 17 英尺高，建造在 6 英尺厚的底座上，我们大多数人，不管是亲眼看到还是从刚才的照片里看到，我们都是从前方很远的地方仰视他的。如果我们在他的周围走走，或者和他一样高，并且从别的角度来观察他，那么结果会完全不同。

米开朗基罗，《大卫》(细节)，1501~1504

当我们站得更高、离得更近时再看，塑像的平和、放松的印象就不见了。如果能从高处俯视他的话，就像米开朗基罗雕刻他时的角度，我们会看到一张充满紧张感的脸。他的鼻孔张开，眼睛睁大，眉头微锁。靠近看，他瞪眼的时候是专注的，可能也是忧虑的。实际上，一项全角度的电脑研究表明，这全然不是放松的状态，大卫身上每一块看得见的肌肉都是绷紧的。佛罗伦萨大学解剖学的教授评论说，这座雕塑的每一个细节“都由害怕、紧张和进攻的艺术效果构成”。

通过密切的观察，粉碎了人们对大卫身体完美性的幻想。他的眼睛实际上有轻微的斜视。头上还有一块地方是平的，而且比例失调。他的双手也大得怪异，而且他的生殖器特别小，很不成比例。相对于身体来说，他的头看起来太大了，佛罗伦萨的博士们还发现，他的后背少了一块肌肉。

从其他角度看这座雕塑也会对其他的“事实”产生怀疑。他的右手握着的是石头吗？从背后看会发现，他指间是一个扁平圆柱体的末端，有人认为，与其说是石头，不如说是投石器的手柄。他弯曲的手指紧紧握着的那个物体，从我们的视角看起来是很模糊的。就好像琳达·斯坦因私人助手拿着的包里的东西那样模糊不清，所以我们不能仅凭对一样东西形状的猜测，就假定已经知道了事实。

我们还要考虑一个常常被忽略的视角：它的创造者——艺术家本人的视角。米开朗基罗想让人们如何观看大卫？很多学者认为，当前摆放这座雕塑的位置是不正确的，而且如果你想真正站在大卫的面前，你需要走到侧面，让自己站在大卫的视线范围之内。这座雕塑现在面朝这个方向，是因为在1504年，佛罗伦萨的领导者认为大卫的眼神“怀有恶意和野心”，所以不要与“平和的过路人”直接相对，而是要对着佛罗伦萨真正的敌人——罗马。不管米开朗基罗本来是怎么希望的，大卫原本的确是被放在外面的，他背靠佛罗伦萨旧宫，所以他是朝南看着最终成为意大利首都的罗马。1873年，大卫被搬到了室内，方向虽然保持一致，然而博物馆的柱子和展示柜装在了右边，就挡住了本来正面的视角。

米开朗基罗，《大卫》，数字影像

斯坦福大学的米开朗基罗数码项目用计算机技术提供了一项措施，能够让我们最终从这个可供选择的视角里看到大卫，在这个新的视角下，这座雕塑看起来完全像是另外一个人。我们注意到了其他的东西，他腹部的曲线更加明显，背在肩上的投石器更容易被看到。立在他背后的一节树枝很显而易见，我们的注意力也从他的生殖器转移到了他的脸部。

从米开朗基罗的角度去看这座雕塑，我们会了解到，生理上的不完美也是他经过深思熟虑而刻意为之的。虽然大卫的眼睛并没有完美地排列，学者认为精通数学的米开朗基罗考虑让大卫在某一个安排好的视角（即从地面上）斜视，他知道观众可能站在地上，大卫的眼睛从这个角度看起来会是和谐的。

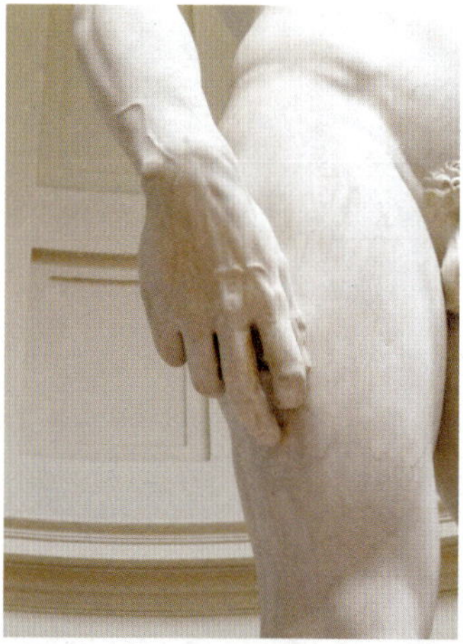

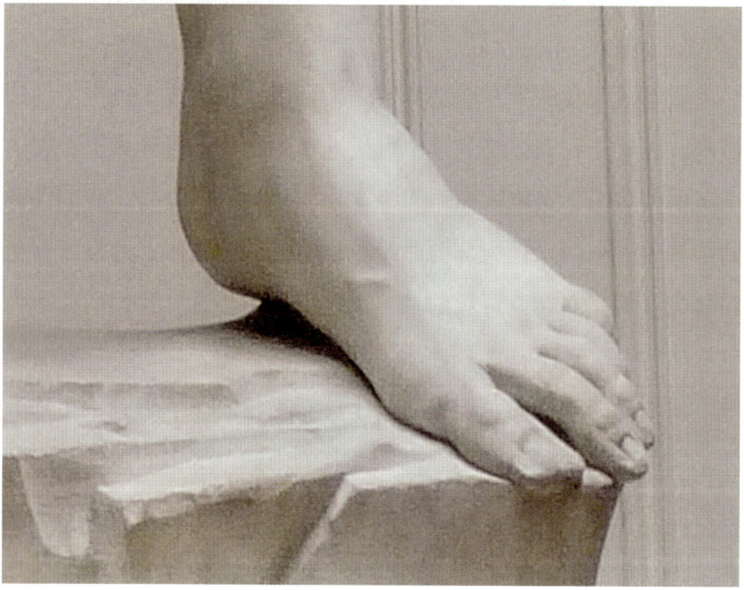

只有近距离地仔细观察才能看到大卫手上的纹理、手指甲的长度、左脚第一个脚趾和第二个脚趾之间的距离。为什么脚趾间的距离这种小细节也很重要呢？在犯罪调查中，尸体和证据的实际位置，乃至在周围环境中所有的东西，都是至关重要的，微小的生理信息在很多领域都很重要：制造业、医学、档案学、保险申索的校准，还有在飞机上找出一个 ABP。在大卫这个例子中，脚趾间的距离之所以重要，是因为特殊的器官的分离正是米开朗基罗的作品中一个“鲜明标志”。而作品中缺失的作者签名，被潦草地写在大卫像的后方，这是一个对观众来说有含义的暗示，告诉人们，我们正在看一幅大师作品的真迹，但如果不到处察看，是不会发现这个微小细节的。

为了互相提醒要不断地观察每个方向，第二次世界大战期间的飞行员想出一句话，这句话现在仍然在军队中使用。（我听说足球教练们也很喜欢这句话）：“不断地从不同角度看问题，不要给正前方的东西下定论，必须时刻保持角度变换。”这样做能够帮助我们找到更多的信息、更多的背景情况、看漏的东西、正确的路径、对方真正的意图，甚至是解救我们的那条路。

我私下里运用了一个联邦调查局使用的变换角度的诀窍。他们培训特工人员，当他们走在未知地带时，要频繁地转身去观察身后的场景——陌生的街道、田野甚至是机场的停车场——因为那是他们在找返回路线时需要有的视角。如果不那么做，就意味着当你要撤退或者试图折回脚步的时候——尤其是在一个很紧急的场合，比如从商场撤离——你会因为看到的场景有所不同而感到困惑，你将突然意识到，你眼里的场景正好与你进入的时候看到的场景相反。当你走到一个新的位置，通过下意识地了解从每个角度看到的样子，你就能够获取更多有关周围环境的更完整的图景，那样的话，不管你往哪个方向前进，都能够回想得起来。

去实地，看实物

从各个角度看事物的重要性，并不只在调查工作的开始和结束才显现，而体现在任何生意、交易过程、产品和人员上，这也是丰田汽车公司著名的“实地实物”概念背后的重要原则。“实地实物”讲的是这样一种理念：要获得一个现场的全面印象，完整地看到所有程序，并尽可能投入到每个细节中，就要求经理们离开自己的办公室，离开电脑，亲自走到工作的第一线去。很多制造业的公司采用了这个理念，投入实践中，称之为“走到现场中”（gemba walks）——gemba是日语，指的就是“现场”。通过“走到现场中”，职员走到和他们工作最相关的地方，到产品生产、出售甚至是被使用的地方，这样他们就能够更好地理解自己的工作了。《工业周刊》（*Industry Week*）杂志社的比尔·怀尔德这样形容：“你无法从你的办公桌上去了解现场，你会在车间里看到，在市场部门或在客户那里看到。”

“实地实物”的另外一种情况是，有一些公司把员工派到外面，不是到工作实际发生的地方，而是绕到它的背后。为了追求工作效率，底特律博蒙特医疗学院有一个名为“改善”的员工团队，他们不在常规部门所在地，而是去寻找怎样实现可持续的成本控制。有一个小组人员发现，校园里的洒水装置在不必要的地方洒水；他们解决了这个问题并且将洒水的莲蓬头调成了低水流量，在 6 个月里为公司节省了 18 万美元和 50 万加仑[①]的水。“除非你到外面去走走，”凯·威诺克护士说，她同时也是博蒙特负责质量、安全、认证的副总经理，“不然你不可能注意到这些事情。”

改变物理视角也能在我们苦苦陷入沉思的时候帮到我们。就像古希腊人有意地在石子路上刻沟槽，能让马和牛拉重重的轮式推车时更省力，我们热爱效率的大脑也会深思熟虑地寻找类似的形式，然而不幸的是，有时候我们也会深陷这些沟槽里。

想一想，上一次你对着一个看起来很难解的问题看了又看，或者是你非常徒劳地想破解一个难题，是什么时候。对我来说，最常发生的情况就是当我必须要写一个技术方案的时候，我想把它写得很完美，我必须让它完美，但是，就是……想不出……恰当的词来。我恍惚地坐在笔记本电脑前，时间流逝，根本没有产出，但是我又担心自己又会转移到别的事情上去，所以不愿意起身离开，我陷入了这样的恶性循环里——再想 5 分钟吧，我已经都浪费这么多时间了。神经科学专家和我的作家朋友都教过我，作家在遇到障碍的时候，有个简单的方法就是：起身，走开。

杰斯·麦卡恩曾出版过两本有关约会建议的书，他说：“我把

① 加仑：英美制容量单位，美制 1 加仑约等于 3.79 升。

自己困了一个小时，没有什么进展，那么，我就已经暂时想不出来了！我的工作是有最后期限的，所以我不能把手头的事情弃之不顾。我没有丢下我的工作去度假。我只是快速地转换一下身体的位置，在户外待了15分钟，然后再回来的时候就能够恢复精神，同时，我寻找的答案也就自己来找我了。”

当你已经准备好把你的电脑（或者合作伙伴）抛诸脑后，你可以在办公室四处走走，看看有没有什么新发现，或者到你所在的大楼里走走，也可以到附近街区走走。

“这种来回移动的行为能给你的大脑增添活力，”神经影像专家罗德里克·吉尔基教授和克林特·基尔茨博士明确表示，“因为大脑是一个相互作用的系统。”任何刺激到大脑某一部分的活动，也会同时影响和作用于其他部分，比如身体的移动也能对创造性地解决问题起到刺激作用。

甚至还有比单纯走路更好的方式——观察在路上所看到的事物。科学家发现，仅仅是看，就能对大脑的表现有意义深远的影响。“观察的经历能激发促进表现力的神经细胞，从而加快学习速度，并增强学习能力。”吉尔基和基尔茨说。

为了做到这点，当我们走路的时候，要去寻找和整理客观事实——人物、事件、地点和时间。你走过的地方越是陌生，你就越有可能在那里重新专注于你的洞察，并且摆脱那种被心理学家称作是“功能固着”的弊端，或是只从一个视角看事物的习惯。

与其怀着“不撞南墙不回头”的心态去想同一件事，不如起身走开，在真实生活中运用你的观察技巧，与此同时，你的批判性思维能力会被点燃，感知会恢复状态，于是在很多情况下，你脑海中的难题也会迎刃而解。

感官视角

当我们在一个改变视角的巡游当中，或是任何主动地将观察到的事物进行分类时，必须记住的是，要把所有的资源作为收集到的信息，尤其不要仅仅用眼睛去看。《发现》（*Discover*）杂志的主编科里 · S · 鲍威尔写道："我们对于自然世界的欣赏不只是由视觉来支持，还要靠听觉、嗅觉和触觉。在林中散步的时候，如果没有鸟鸣、枯叶的泥土气味和树枝轻拂身上的感觉，一切都会大不一样。"

我们的认知是通过所有感官的配合而获得的，但是我们经常只注重用视觉来观察世界。要客观分析所有事物，不仅仅是眼睛所看到的，我们还需要分类和分析从五感当中获取的东西，从而得出一幅所观察到的事物全貌。如果没有这么做，就会错失有价值的信息。医院大厅的气味和急诊室的气味不同，某人声音的分贝，某人握手时的力道，他们是直视你的眼睛还是看着其他地方：那些都是重要的信息。

事实上，视觉并不总是最有力或最有成效的感官，当我和全世界最优秀的执法官员一起做事的时候，我独爱那些没能显示在案件新闻标题里的幕后细节。那些细节常常是最能激发思索的，而且能揭露犯罪真相。想一想谋杀安妮 · 黎的罪犯案例吧。

黎是耶鲁大学一名药物学的毕业生，2009年，她在婚礼前5天突然失踪了。这个调查是被声音所干扰，最终通过嗅觉而成功破案的。

起初，警官所看到的东西并没有推动案件的进展。监视的连续镜头和电子门禁记录显示，黎进入工作实验室后从未走开。她的钱包和手机忘在了办公室，但是，当局却找不到她的尸体，因此无以识别并控告嫌疑犯。5天过去了，什么发现也没有——没有DNA，没有经确认的犯罪现场，也没有黎本人——于是他们向联邦调查局寻求帮助。

有一名联邦调查局的特工人员站在实验室里，他很沮丧，还是找不到黎。他决定去做一件任何人没有做过的事情：去大厅里的男厕所。他没有使用惯常的手段，而是去一些其他地方再找，改变一下视角，从而进一步思考这个案例。他打开厕所的门，闻到一股恶臭，便退了回来。结果，他发现厕所和实验室的墙被挖了洞，死者的尸体被塞在洞里面。

为什么其他人没有闻到实验室里的腐臭呢？是因为这个房间的笼子里放着做实验用的老鼠，有个内置的换气扇一直吹风，把动物的气味吹散，让新鲜空气循环。风扇一直嗡嗡作响，人们也习惯了，甚至注意不到它。如果能够意识到风扇的声音，并且马上把它关掉，那么很快就会闻到气味。

我们生活在一个非常视觉化的世界中，除视觉以外的其他感官，因为很少使用也难以描述，所以将注意力分配给它们是件更具挑战的事情。我们并不习惯用具象的术语去描述气味，而是常常把这类描述诉诸于空泛的词语，比如“很好”或者“糟糕”。但是，当我们用其他感官的时候，需要变得像运用视觉时一样彻底和精确，比如，“发霉的气味”和“麝香气味”有明显的不同，同样，声音、味道，以及身体对某些物体的触觉也有很多不同。

为了掌握区分不同感知的技巧，让我们下意识地运用所有的感官，无论在公共区域还是私人场合，比如在地铁上、食品杂货店或是家里的地下室，要格外注意到气味、味道和声音。我发现，把其他感官激活的最好方法是闭上眼睛。我最近一次乘飞机时，首次使用这种方法，我注意到了护手霜、香水和培根的香味。可是为什么我在封闭的机舱里睁着眼睛时，却闻不到那些气味呢？我们在高空飞行，培根不是突然出现在机舱里的，但眼睛控制了我所有的注意力，而只有闭上眼睛，大脑才能给我其他的感官分配资源。

值得庆幸的是，你越让自己的感官发挥作用，这个过程就越发自动，然后你会发现，其他感知也会提高你的观看能力。我们可以利用艺术来提高自己的这种能力，还像之前一样，通过一幅艺术作品来进行视觉信息的分析。我们可以看一幅画，关于在海滩的一天，从而得知画面里的声音该是怎样的：巨浪翻滚的声响、海鸥粗厉的叫声、孩子们的大声尖叫。为了检验我们的能力，我们一起来分析下面这幅爱德华·马奈的画。我给你开一个头，告诉你我们在哪里：一家“女神游乐厅”酒吧，是在巴黎的一座酒馆音乐大厅里。

你看到了什么？

爱德华·马奈，《女神游乐厅的吧台》，1882

这是一幅复杂的绘画，画里有很多人物和物品，现在我们来将事实进行整理，但是这次我们要确保让所有的感官都发挥作用：视觉、听觉、嗅觉和触觉。我们不需要把橙子放在鼻子前就能知道它有柑橘的香味；不需要把双手放在白色的大理石吧台上就能知道它如石头般坚硬，碰上去很凉；不需要站在那个屋子里就能知道这里该有多吵闹。因为这些都是我们不需要置身其中便可以推断出来的事实。

这幅画里有多少人呢？很难说，因为镜子的反射里有很多人，所以我们就来估算一下吧。数一下某个小区域的人数，然后做乘法。我说，在背景里大约有 50 个人，在显著的地方有一位女士和一位绅士。谁是主角呢？是酒吧的女招待还是右上角戴着黑色大礼帽的大胡须男子？那么，远远看去左上方角落里那个只能看到一双绿色鞋子的女人呢？——她是吊杠演员吗？其实她是娱乐明星，也是这群人聚集在一起的原因之一：来看她表演。可以说她是这个场面里最重要的一部分，但是如果我们没有注意到她，那么将永远不会知道这件事。

我们来列举一些预料之中的声音吧：玻璃杯的叮当声、人们的交谈声，还有很大可能是音乐声；或许还有因吊杠上的铰链快速移动所产生的声响，还有水晶吊灯发出的叮叮当当的碰撞声。

那么，我们可能会闻到什么气味呢？橙子、酒精、吧台上花瓶里的花。有没有注意到女人胸前的花呢？可能她把这花束放在胸前是为了抵消一些令人不愉快的气味，很多人在一起的气味，那些人在如此封闭、没有空调的环境中，她是不是想要用花香来抵消难闻的气味？

房间里的空气会是怎样的呢？画中根本看不到窗户，但可以看到背景中有一团团烟雾，这说明房间里没有风，或是没有好的通风条件。那么，那些烟闻上去会是什么感觉，吸进去又会是什么感觉呢？

现在，我们从不同的视角来观察这幅画。来到吧台后面，站在女招待的身边来体会一下她的视角。她看到了什么？房间灯和水晶吊灯、烟和人群。从她背后的镜子中，能注意到她其实离人群还是挺远的。从她身后的镜面反射中能够知道只有那个大胡须的男人离她最近。那么，这位男子实际上站在哪里呢？他难道不应该站在她的正前方，挡住我们的视线吗？既然没有，那么，是不是我们正站在他的位置上？是不是这幅作品的画家正是那个站在她面前的戴礼帽的男人？

让我们再站在这位绅士的角度。如果我们是他，会去问女招待要什么？一杯饮料？一个注意的眼神？一个问题的答案？也许。如果站在那位绅士的角度，那么我们对女招待的表情、站姿和反应的感知会大大改变。当我们积极地把自己带入某个场面中，她那空洞的凝望就会呈现出新的意义，那样，我们就不会把她想成是孤立、受压迫的人，而是会想成是粗鲁、懒惰的人了。

现在，我们再从一个完全不同的角度——那个吊杠演员的角度——来看这幅画，在高空中的感觉、嗅觉和听觉又会有怎样的不同呢？闷热空气和烟雾上升，所以温度也会随之升高，空气也会变浑浊。声音是一样的，也可能听上去会稍微轻一点点，但是灯光会更亮，因为她悬挂在微光的设备和人群之上。她在房间里最高的地方，只能朝下看，那么，能看到什么呢？她看到很多礼帽的顶部，就好像我在机场偶遇的那个小女孩，这个吊杠演员无法和大多数人进行眼神交流。那会对她看这个场面有怎样的影响？当那么多人的谈话朝女招待翻滚而来的时候，这个吊杠演员却是独自一人。她没有处在中央的位置，她是与人群脱离的。那么，她是在注意这群人，还是毫不在意，独自全神贯注地表演呢？

努力地从他人的视角观察世界，能让任何画面都来得更生动，不过，它的价值还要远远超越美学方面。事实上，想象别人的视角、反应和关注点的能力，是人类拥有的最重要的认知工具，因为它不仅会使我们更具同理心，而且能在和人交往（或者想象该如何和这个人交往）的过程中，更容易领悟到对方的所思所想。

我们已经看到，找到物理上的新视角如何帮助我们做到这一点。为了更深入地理解视角，我们要让自己更完整地站在别人的立场上，这次，不是站在他们的位置上，而是用头脑来察觉，从他们的视角看看世界是什么样子。

头脑的视角

在小说《杀死一只知更鸟》（*To Kill a Mockingbird*）里，阿提克斯·芬奇告诉女儿斯科特："只有当你能从他人的角度设身处地为他人着想，你才能真正理解一个人。"我们之所以要这样做，其实是为了引发共鸣。共鸣，对于合作、处理矛盾，以及工作和个人生活中都能具备的批判性思维的能力而言，都是至关重要的能力。

《福布斯》杂志把共鸣称作"让生意进展的推动力"。杰森·博耶这样写道："事实上，对成功的领导者来说，他们要做的不仅是观察周围发生的情况，还需要去和他们所服务的对象发生联系。"

我常常和职业募捐者一起做事，我曾应邀去培训一个团队，该团队没能达到预期的募捐金额，感到很挫败。他们的慈善机构成立 40 周年的纪念日到了，他们已经把这个里程碑式的日子在所有印刷品上打了广告。他们不理解为什么 40 年的历史不能给他们带来更多捐款，其实，问题出在"单一视角"上。他们是从员工的角度去看每年举办的活动的，然而，这种自豪感并不一定能够让组织外的人们感同身受。我让募捐者从捐赠人的角度出发，再来看一看他们发的小册子。捐赠者首先想到的并不是慈善机构成立的年数，而是自己的捐款是否会帮助到这个机构。当员工们很急切地在宣传机构的 40 周年纪念时，恰恰大幅减少了对去年所做好事的报道。最后，通过运用不同的视角，终于解决了捐款额下降的难题。

英国哲学家兼作家罗曼·柯兹纳里奇认为："共鸣也是成功的婚姻、让青春期的子女对你倾诉或是阻止小孩子坏脾气的关键。共鸣是一种易流露感情的行为。站到另一个人的立场，去理解他们的感受和视角。"

要经常训练自己站在他人角度看问题的能力，改变物理视角的同时还要注意改变头脑视角。设身处地地站在孩子的角度想一想，在他面前张牙舞爪地训斥是何种感受？设身处地地想一想，高层随意任命员工会让经理怎么想？ 随意取消员工奖金会让一个工资刚够糊口的员工怎么想？

根据你和你想要去理解的人之间的鸿沟深浅，你可能要再进一步，才能够获得从别人视角看得更真切的东西。获得艾美奖的电视节目《卧底老板》（*Undercover Boss*）就达到了这样的效果。新员工扮演老板的角色，让他们从这个公司负责人的角度看公司的第一线，感受下生活会是什么样的。虽然这个节目娱乐性很强，不过，这项实验还是让高管得到了无法从其他地方获得的结果。

切克斯和拉里（Checkers and Rally's）拥有 20 000 名员工和

八百多家店铺的汉堡快餐连锁餐厅，它的首席执行官里克·希尔瓦说："环境总是很离奇古怪的，但是到隐秘的地方去探究，你会有机会和你的员工联系起来。"通过扮演成实习生亚历克斯·加西亚，希尔瓦懂得了，有的员工会被没有受过专业培训的经理侮辱，而另外一些员工尽管家里背负债务，但仍然很愉快地工作，还有些员工在经历"狄更斯小说式的挣扎"，而且有很多小时工，他们对那些只给经理奖励的项目感到非常沮丧。约翰娜是一个出色的员工，她对"实习生"加西亚说："若不是有我们，经理什么都做不成。"

希尔瓦把这许多深刻的见解带回公司总部，并做了很多改变。"我现在把'我的好员工'叫成'约翰娜'了，"希尔瓦说，"现在有好多的约翰娜在为公司工作，但他们并没有十足的自信与管理部门做沟通。"为了补救这点，他引进了一项叫作"未来领导"的试验计划来评选最佳员工，而且公司开始直接把奖金发给项目的组员，而不是只发给他们的经理。

仅靠想象对方处境有时还不够奏效，许多儿童养育和关系领域的专家还推荐一种类似的换位实验。每个万圣节，教育顾问兼作家詹妮弗·米勒就会鼓励她的读者参与一个类似"怪诞星期五"那样的挑战，即看护者和孩子互换角色，在家庭活动里做对方所做的事情。米勒在自己家里做了尝试后，写道："我现在知道了尝试站在对方的位置和角度是多么不舒服。这是件困难的事，它要求人们积极地想到别人，包括他们的信仰和日常习惯，还有他们在真实生活中的看法和说法，这个实验会立刻见效，因为那个你试图去效仿的人会去观察你，像不像马上就看出来了。游戏结束后，我注意到自己的改变，经常会想在某个情境下我的丈夫会说什么，或者我的儿子会做出怎样的反应。仅仅是一次活动，就让我更深刻地认识到家庭成员的视角。”

站在别人的角度看问题，不仅更容易让我们产生共鸣，还能帮助我们解决问题。把自己放在一个虚构的人或是名人的角度，可以帮助我们在冥思苦想的时候转变一下思考路径。我们在办公室或是家里，自己一个人工作或是和团队一起，找一个你知道的人，试着用这个人的性格、经验和观点来解决你的问题。比如，莎士比亚会如何处理你的生产率的问题？如果是奥普拉的话，她会觉得有什么新特色能够提高你的产品或服务的竞争优势？蜘蛛侠会如何回应无礼的语言？

在当今的数字时代，我们采取行动之前先从所有的角度看待问题，对保护自身来讲也是至关重要的。马琳·莫伦 15 岁的女儿正在犹豫她是否要在推特（Twitter）上发一张万圣节派对的照片，于是她询问母亲。在那张照片中，莫伦的女儿穿着整齐，仪态得体，站在两个朋友中间。但那两个朋友，是和她同龄的肌肉发达的男孩子，他们没有穿上衣。

“我没有做错任何事，他们也没有。”女孩说，“但我只是想知道这张照片看起来是否有点糟糕。”

马琳·莫伦知道，一旦照片上传到推特上，这张照片就会永久地留在网络上，所以，虽然这张照片从她的角度来看没什么问题，但是她建议女儿尽可能站在多个角度看这张照片。

“你的男朋友发现照片里没有他，会怎么看这张照片？”莫伦问。

“我给他看了，他说没事。”女儿回答，“他知道我和这些男孩子只是朋友关系。”

“那么，要是你将来有了别的男朋友，他要是看到了又会怎么想呢？”莫伦问。

“你的意思是？”

“万一有人觉得你只和这种身材的人约会的话，那会把一些人给吓跑。如果你将来的白马王子是一个不能仰卧推举两百磅的人，那怎么办？”

“妈妈！”

“如果你男朋友的妈妈看到了，你认为她会怎么想？”莫伦继续问道，“或者你的祖母、校长、牧师、未来的大学招生人员、将来的老板看到了，他们会怎么想？”

女儿终于承认了，可能并不好。在想到其他人会因为这张照片而对她有异样的看法后，她决定不发布了。

从别人的视角看事物很重要，让他人对我们看问题的角度有所了解也很重要。让别人知道我们经历了什么，就会增加对彼此的了解，同时可以收集到更多的信息。

在寻找安妮·黎期间，耶鲁的工作人员中没有一个人想到向调查人员提及她工作的实验室里那台一直转动的换气扇。他们假定警察会听到，或者已经知道，自然会把它关掉。要是有人提及的话，他们本可以更早找到黎的尸体。

有些事，你自己看到、听到、闻到、知道，并不意味着其他人也一样。我们要意识到这点，即对你来说熟悉的事物，对别人来说或许是陌生的。如果你住在纽约市，你会听到无处不在的汽车鸣笛声，但如果你住在乡下，你听到的可能是蟋蟀的叫声或是鸟鸣声。当你要和别人分享的时候，要确保你完整全面地介绍了自己的世界。为了做到这点，问自己几个简单的问题：

- 我是否忽略了什么？
- 我把什么当作是理所当然的？
- 当别人进入我的世界时，有哪些事情是他可能不知道的？

你能够收集到的信息越多，精准评估的概率就会越高，也就会增加找到目标的机会，无论我们寻觅的是解决问题的方法，还是答案，或是真理。

难以捉摸的“为什么”

我们已经学习了如何去评估人物、事件、地点和时间，理解其他的视角还能帮助我们回答难以捉摸的“为什么”。为什么她会这么做？为什么他退出了？为什么有人破坏了社会秩序？为什么有人会发脾气、和我们决裂、离开城市、烧毁了那座桥？在很多情况下，一个问题其实就是一个反应的结果，而反应由激起该反应的行为所造成。理解了别人是怎么看事情的，他们的生活中遇到了怎样的情况，会有助于我们了解他们做出某些事的原因。

2013 年，我为美国和平队设计了回应性侵的培训项目，其中有一项内容是“全方位地看事情”，系统地阐述什么方法是最有效的回应。为了持续守护志愿者的安全，和平队的工作人员需要用更好的方法去看到，志愿者在面对性侵的场面时，信息是怎样呈现和被接收的。比如说，她向不同的人描述自己的情况时，如果所说的事实有所变化，那么可能是她没有讲出实情。站在她的立场看问题，不同人会对事情有不同的理解。想象一下，一个受到精神创伤的女人，在海外远离亲朋好友，试图描述一次性行为的性质，这个性行为是和一个男性的经历，这个人可能像攻击者，也可能像她那个起初警告她不要离开家的严厉父亲。在这个角度，就容易看到为什么她会表现得不那么热切和主动。通过志愿者对团队里的专业人员讲述详情时为难的状态，能够帮助工作人员改进做报告时的规章制度。

同样地，当必须找出受害者了解的罪犯信息时，从罪犯的角度去看问题就非常重要。他的什么情况对破案有利？他的家人有没有与当地法律执行部门的关系，或者是对当地社区有影响力？罪犯和受害者工作或生活中的朋友有没有联系？为了掌握全面的情况，也应该去调查社区的人是怎么看待这起事件的，他们的反应又是如何？他们是否支持受害者，如果是的，那他们还会继续支持吗？最终我们要回答的问题是：这名受害者是否应该坚持回到自己原来的立场。回答这个问题的唯一方法，就是从每个牵扯到的人的视角去看事物。

JR 帮助重塑了世界对于莫罗达普罗维登斯居民的看法，里约热内卢的市领导开始重视起来，终于，他们冒险上山，会见那里的居民，并且了解了居民的生活状况。居民们受制于帮派头目，在地理上被孤立，要步行下山数百步才能看到一个杂货店。2010年，市领导出台了一项革命性的社会服务项目：安抚警队从武装贩毒分子那里回收这个区域，并且重建和平。公民联合会选出了议长来加强社区荣誉感。2014 年 7 月，新的缆车系统建立了，缆车将贫民窟和山下的里约热内卢市区连接了起来，它每小时载客 1000 人次，而且是免费的。在每辆缆车上，都能看到 360° 的美丽景色，它也开始吸引新人群来到贫民窟，那就是游客——他们只为从新的角度俯瞰这座城市的美丽风景。

新的视角

想象一下，你在法国南部的一个渔村，站在窗前可以看到地中海清澈碧蓝的海水，温暖的微风掠过海面上的船只，吹进开着的窗里。渔村五颜六色的，从全年盛开的鲜花，到环抱着鹅卵石海滩的色彩明亮的建筑物，一切都很鲜艳。

这就是画家亨利·马蒂斯欣赏了近 10 年的风景，他为了躲避巴黎潮湿的冬季，在科利尤尔小镇租了一个工作室。工作室的窗户，严格来说是两扇开在阳台上的门，能俯瞰小镇的海港。马蒂斯花了数不尽的时间在窗前作画，画他所看到的景色，尽力捕捉被他称作为“色彩爆炸”的景致，比如这幅 1905 年的画，就叫作《开着的窗户》。

亨利·马蒂斯，《开着的窗户》，1905

1914 年，他又给同样的景色作画，起名为《科利尤尔的法国窗户》，如下：

亨利·马蒂斯，《科利尤尔的法国窗户》，1914

到底发生了什么？窗外的风景没有变，依旧是蓝色的地中海，色彩鲜艳的船只，温暖的夏日。事实上，用巴黎蓬皮杜中心（也是收藏这幅画的地方）的艺术史学家的话来说，仔细看就会发现，阳台上模糊的树和铁制品，好像在马蒂斯上色之前就已经有颜色了一样。学者们认为，是马蒂斯看世界的视角发生了变化。

就像洞察力一样，我们的视角也是会改变的，并非一成不变。很多东西可以操纵我们的视角：时间、心境、还有令我们改变眼界的新经历。一个人今天所认为的一些事情，今天对一些事情的描述，会和将来的看法大不相同。在最近的一个学期，我培训儿童受虐事件的调查人员，有一位学员学到了，自己的人生中经历的事情会对她调查现场时所“看到”的信息有所影响。

对马蒂斯来说，1914 年的生活与 9 年前的生活大相径庭。第一次世界大战刚刚爆发，德军侵略马蒂斯的家乡，他年老体弱的母亲受困于敌人阵地，朋友们被征兵，兄弟成了战争的囚犯，虽然他多次想参军，却因年龄的关系反复遭到拒绝。法军征用了他在巴黎的房子当作总司令部，于是他被放逐到了夏日工作室。

在科利尤尔的窗户外，景色并没有改变，那景色没有被炸弹和外国军队毁掉。在这座加泰罗尼亚人的村庄里，生活还是像过去那样继续着。可是，只有马蒂斯自己认为，风景已经变了样。

为什么这一点这么重要？因为视角的改变也会带来观察的改变。如果我们采访马蒂斯，问他 1914 年的海是什么颜色，他会说“黑色”——他不是在说谎——对我们来说，海明明是蓝色的，但是对他来说，海就是黑色的。我在对和平队性侵调查组的培训中强调这点，我说受害者之所以会改变自己的真实经历，可能仅仅因为久而久之，她会把事情记得面目全非。

最近的研究也表明，我们对一些事情回忆的次数越多，越会出现两种情况：要么会记起更多内容，要么会重塑当时的记忆，尤其是当那件事和一次情感经历有关时。纽约大学心理学和神经科学的教授伊丽莎白·A·菲尔普斯认为，这是因为大脑连接了两个地方：情绪产生的地方，即大脑中的杏仁体；记忆存储的地方，即大脑中的海马体。有些事情唤起了我们的情绪，无论好坏，杏仁体都会告诉眼睛更加注意，以便为海马体存入更多记忆。然而，当情感因素参与了记忆，并获得了信任，不一定会提高记忆的客观准确性。

意识到这种可能性能够避免我们做出错误假设，比如某人此刻没有说实话，或者以前没有说实话。这种假设导致我们无法及时地为他人服务。

服务的视角

无论我们做什么工作，从某种程度上讲都在服务他人：客户、合作者、老板、孩子、合伙人、病人、经销商、读者、终端用户，甚至朋友。不要只从自己的角度去描述经历，必须养成从别人的视角看问题的习惯，那样才能更好地满足他们的需求和愿望。

有一个极好的例子，是关于我的一个学员如何从他人利益出发将服务付诸于实践的。朱迪·加尔万是一位肿瘤学社会工作者，她去探望一位身患绝症的病人。在新的临终关怀医院里，那位病人被全副武装，裹在一条明亮的猩红色毯子里。病人总说太冷了——癌症患者常常都是这样的。朱迪已经认识这个病人两年，之前是去她的家里探病，这个病人一直独居并且引以为豪。朱迪知道她之前一直拒绝去医院检查，直到再也无法逃避。

“当我走进她的病房时，我被这个看起来如此苍白、荒凉、空荡的房间惊呆了。”朱迪对我说，“虽然我以前访问过医院里的很多病人，病房设置和这个差不多，但是我还是觉得这个病房环境非常不同。”

通过对艺术作品中不同视角的分析，学会从酒吧女招待和贫民窟居民的视角看问题之后，朱迪来到了病人的身后，去了解从病人的视角是怎么看事物的。

“我马上注意到，她戴着眼镜睡着了，”朱迪回忆说，“我给她盖毯子的时候，红色的毯子和白色的背景形成强烈对比，加强了我对她相貌特征的感知：冰冷。“冰冷”并不仅仅意味着缺乏温度。病房的墙上几乎没有任何东西，除了一张不在她视线范围内的活动年历，只有一扇很小的窗户，可是从这里看出去的城市景象也是那么平淡无奇。她的脸色和这个病房一样苍白。”

朱迪想给病人带去更多的温暖。她为病人创造了一个看上去更有趣的环境，用能够进入病人视线的彩色物品来装饰病房。还安排护士定期带这位病人去医院里的花园。她改变了这位病人眼睛里看到的风景，让她更好地度过了人生中最后的日子。

转变视角能让我们在看事物时有前所未有的感觉，会对我们再次审视它们有所帮助。这个过程不仅让我们找到微小的细节，还能给我们惊天动地、颠覆传统的新点子，而且我们还能用这些全新的信息来解决问题，并发现新的可能性。

接下来是我要阐释的最后一个视角，是一种关于“从轻重缓急的角度来看事情”的能力。如果我们掌握了这种能力，就能通过看一艘船、一辆火车、一座桥、一个阳台和一栋着火的房子，对信息优先排序的能力更加敏锐。

第 7 章

发现缺失之物

如何像间谍那样优先排序

我的手里拿着格洛克式手枪，这种感觉类似于我读研究生时与警察同乘一辆车的那段经历，不过这次，我变成拿着枪的人，站在自己家的门外。

当我爬上门前的台阶时，心剧烈地跳动着。我之前从来没有拿过任何武器，但是当我听说儿子独自一人在家，而家里闯进了陌生人，附近只有我自己时，我别无选择。我进入前门厅，一个身穿黑衣的男子跑到我面前，他穿过开着的后门，进入院子里。我紧随其后，吃力地奔跑，只看得到他的背影。他拿着一个咖啡色的包，看起来庞大又笨重。他没有说话，我也什么都没说，只是扣动了扳机。

我开了枪，枪声很响，冲击力也很大，差点打到我的脸。我已瞄准了他的心脏，他中枪而死。

给我枪的北加州警官简直无法相信。

“这个人正在撤退，他又没带武器，你的情况并不危险，”他训斥着，“你只射杀过这一个人吗？”

我无法解释我的行为，对于自己的举动，我比任何人都感到惊讶。

那天早晨，当我来到北卡罗莱纳州地方检察官办公室举办的“办案完整性和准确性会议”时，我非常激动：检举人、公共防卫人员和警官都来参加这个会，目的是加强“在法律执行中所有人都站在同一边”这种观念。我那时从未预料到自己最后竟会握着枪，更不要说去杀人了。

登记之后，我被带进一间酒店的舞厅，有人对我说，轮到我上场操作枪炮训练模拟器了。他们还说开会的每个人都必须做这件事。

工作人员在我脖子上贴了一小片贴片，用于测量我的脉搏，并把我安置在功能详细、非常逼真的视频屏幕系统前面，然后，给了我一把真枪。

警官快速地给我讲解了枪支安全的知识，并向我保证，枪里没有装子弹，只是一个传感器而已，然后他靠后站，让我开枪。

我仍然没做好准备，问道：“我什么时候开枪呢？”

“夫人，”警官拖长了嗓音说，“在适当的时机。”

我怎么知道什么时机适当？“适当”又是谁来规定？我们知道对每个人而言，行动的场合和刺激点都不一样。

视频开始了。我突然站在了一个黑暗的有粗糙砖墙的小巷里，按照警官的演示，我把双手举在面前。我提防着危险，屏幕在移动，逼着我行走，墙壁经过我眼角的余光后变得模糊。一只空的白色塑料袋在我的脚边沙沙作响，一罐天蓝色的喷漆在一幅还没完成的涂鸦旁搁置，好像作画的人还没画完便不得不慌张地离开。我走路时，一只邋遢的琥珀色的猫坐在一个凹进去的灰色金属垃圾箱上，对着我喵喵地叫着。然后，我看到了一名男子的背部。他在走廊的中间，在我面前几英尺的地方停下来。他穿着宽松的牛仔裤和皮夹克，头戴一顶无边便帽，油腻的棕色头发卷曲着一直垂到衣领。

我停了下来，安静地站在那儿，颤抖的身体有些不知所措。枪是冰冷的，比我想象的重一些，我双臂笔直握枪，手腕有些痛。突然，这个男子拿出一把刀朝着我刺过来，于是我放低枪口，扣动了扳机。

然后视频就停了下来，警官再次出现，“嗯，亲爱的，”他说，“你朝他的脚部开枪了。”

“我知道。”我答。

“为什么？”他问。

“我并不想伤到他，我只想阻止他。”我解释道。

“夫人，他可是有意要伤害你的。”他这样回应。

没有中间休息，第二幕又开始了。这次，我在一个后院里。一排木头篱笆大约有6英尺高，三面围绕着斑驳的草地，又薄又窄的板条紧密地连在一起，遮挡了我的视线，因此无法看到里面的景色。一块没有种植任何东西的土地，大岩石环绕着篱笆排列。

两名男子站在院子中间，为了一样我看不见的东西在争执，他们在打斗，争夺的东西被他们长着老茧的手遮住了。我犹疑着。

“你可以对视频里的人讲话，”警察大声对我说，“这是可以互动的。”

太好了，幸好他告诉我。

“发生什么事了？”我用最严厉的口吻问道。

他们停下来，看着我。“她是谁？”一个人问另一个。

他们怎么知道我是女的？我非常吃惊。他们真的能看见我吗？这场现场枪炮模拟练习的场景越来越逼真了。

站在右边的男人身材魁梧，长着短而粗硬的胡子，比我高出6英寸，他放开那个瘦瘦的、胡子刮得精光的男人。“我来对付她。”他说。

他俯下身，拿起一块大石头，向我走过来。我站在原地，他拿起石头差点砸到我的脑袋。视频又停了下来。

“你为什么不开枪？”警官问我。

“因为他没有拿武器。”我牵强地说。

“男人的拳头一般大的石头可是个大武器啊，”他说，“他刚才已经把你杀了，而且你死相难看。”

太神奇了！

然后，第三个场景又开始了。这次，我正在驾驶一辆车。我感到很别扭，因为现实生活里我是不开车的。当我回到家停下车，一个丰满的金发中年妇女，穿着毛茸茸的粉色睡衣跑到我车窗边，她的脸上满是担忧。

“有人正在你的房子里抢劫，”她说，“我想他现在就在里面。”

我从车里跳出来。

“你的孩子不在里面？”她问。

恰好在这时候，有个声音从房子里回荡出来：“妈妈！”

我走过前门，双臂举起，看到一个男人正要带着一个包裹逃走。我毫不犹豫地从背后开了枪，杀死了他。

“所以，当有人的确想要杀你，你既不朝他们开枪也不将其射伤。”警官重复道，“但这个人只是逃跑，又没有拿武器，也没有威胁你，你却要杀他？”

看起来，我是会议中唯一一个会杀死最后一个人的人。当他们叫我站起来解释为什么那样做时，我仍然没有找到好的答案。这就是一个来自内心的反应：如果你伤害到我的孩子，我就会杀了你。我没有任何证据证明我的孩子被伤害，所以我也没有杀人的正当理由，但我还是杀人了，我开了枪。

好几个夜晚，我极度痛苦，我想知道自己那时为什么会那样做。所有的事情都发生得太快，我几乎没有时间去反应。我的反应是不由自主的，几乎是无意的。但是那些反应的确是我做出来的，我需要对自己的行为负责。如果这不是一次现场模拟，而是真实发生在现实生活中的场景，那么，是什么导致我做出开枪的反应呢？

即使是短时间范围的模拟中，我还是收集了足够多的客观事实。我记下了同伴的性别、身高、面部特征，他们穿戴着什么，携带着什么。我没有对他们的性格或道德做假设，虽然我并不能闻到视频里的气味，但我可以用其他感官去感受质感和声音。我注意到了自身的知觉过滤器，意识到操作汽车的方向盘让我不适，甚至我过去的经历也会在模拟中产生作用：我没有遭遇过被刀或石头袭击的暴力，这意味着，我心里并没有把它们当作是致命的武器。

我很快收集到许多信息，并且把它们分成客观的和主观的，事实和假设，但是为什么我只对其中的一些信息采取行动？是什么导致了一些特定的因素跑到最前线来影响我做决定？答案是我对信息所做的优先排序。

我没有对前两个袭击者开枪，却对最后一个人开枪的原因是，这个没有武器的男人的行动，自始至终都和我儿子有联系。儿子是被我摆在第一优先位置的。就像大多数家长都会毫不犹豫地选择子女的安全一样，我把孩子的安全看得比自己的生命更重要。

了解自己如何给信息排优先次序，这一点是至关重要的，因为我们在头脑里标记为“最重要”的信息，直接掌控着我们的行动。到目前为止，我们所涉及的所有事都是在处理评估信息和分析我们所收集的信息。

然而，我们如何把信息分出优先次序，不管是否是下意识的举动，它其实最会影响到我们的行为。

假如某件事有多重信息的因素，我们就要从中做出选择：要对哪个点采取行动？在结果上采取的行为往往并不总是像“要不要向一个陌生人开枪”那么极端。我们需要做的决定或许不会关乎生命，但仍然是重要的抉择，比如决定我们将要为哪条信息、以怎样的顺序倾注精力。

我们不可能从身体上或精神上跟踪、搜寻并调查所发现的每一条信息，至少是不能同一时间去处理所有信息。在回顾人脑的认知限度和多重任务的奥秘时，我们已经学到，一个人不可能同时做好多件任务。边走边讲电话，可以。读一本关于神经连接的书，同时采访一位大学教授和他的大猩猩玩偶呢？那就不行。如果我们没有下意识决定自己先处理哪一项任务，大脑就会代替我们做选择，基于我们内置的认知与偏好。然而这不总是好事，我们可以从安娜 · 保博士的例子中看到这一点。

2005 年 8 月 29 日，飓风卡特里娜来袭，备受尊敬的外科医生保博士正在新奥尔良纪念医学中心值班。她自告奋勇在休息时间还留下来照顾病人，并且 4 天里一直没有离开医院，尽管设施条件在恶化。她带着物资，帮助人们做限量食物供给，并且隔两小时就要为病人挤压呼吸器，助其呼吸。然而，她做的所有这些好事，都因她做决定时的错误排序而黯然失色。

洪水包围了医院，导致医院停电，下水道系统停止工作，粮食也耗尽了，大楼的温度升到 110 华氏度（约 43 摄氏度）。夜晚的医院里漆黑一片，令人恐惧。

“我们开始听到很多关于团伙杀人、强奸妇女儿童的故事，”保告诉美联社，“带着孩子的女人们真的非常害怕。”

人们需要对如何照料并疏散两千多人而做艰难的决定。保博士就是决策者之一。她需要根据自己所观察到的医疗状况，来辨别需要以怎样的次序疏散人群，谁可以被放在后面一些。而她随后所做的事却让她同时被贯以“救人英雄”和“杀人凶手”的名号。虽然她冒着生命危险留了下来，并且用 5 天时间带着一个小组的卫生保健工作人员去拯救和疏散病人。但一年以后，当保博士刚做完一个 13 小时的外科手术回到家里时，却被捕了，她被戴上手铐，并被指控对一些老年病人犯了二级谋杀罪，因为她在一年前的那种状况下，根据每个人的伤势情况，不得已排出了一个救助的先后顺序，没有把上了年纪的老人排在优先救助的位置，她为他们注射了镇静剂以“帮助他们渡过痛苦”，随后这些老人先后死去。虽然这个案件最终指控不成立，大陪审团拒绝了对保博士的起诉，但这个案件对她的个人生活和职业发展都造成了极大的伤害。

悲剧事件和紧急情况能迅速暴露出所有隐藏的弱点，这些弱点可能会对个人、生意、家庭，有时会是整个世界造成伤害。有关 2013 年发生的致命事件，纽约大都会运输署公布了一项报告，发现大都会北方铁路把按时运营放在了公众安全之前。乘客们的愤怒可想而知。同样是 2013 年，职业安全与健康管理局的亚利桑那分部公布了一项报告，19 名消防队员在夏季的亚奈尔山火中丧生，是因为林业部门把对财产的保护放在了工人安全之前，这个发现也令死者的家属极为震惊。

因不擅长对信息优先排序而犯的错误是会跟随我们的。尽管索斯滕·海因斯跳槽到一家无线充电技术的公司，并成为老板，但无论他日后取得了什么样的成功，人们在提到他成功的同时，还是会提到他在黑莓手机公司任执行总裁时所犯下的那些愚蠢的错误。美国有线电视新闻网（CNN）报道说，他被赶走就是因为他的“一个致命的、导致一切悲剧的错误：他没有把黑莓的核心商务用户放在优先的位置上”。他没有专注于核心用户，而是去效仿苹果和安卓公司的大众消费者路线的成功模式。这个决定让黑莓大量商品无法售出，不幸损失10亿美元。另外一个类似的事例，得克萨斯共和国之女——这个爱国妇女团体，从1905年开始就一直管理着一个当地备受敬重的历史遗迹阿拉莫，直到州检察长办公室的出现。据《纽约时报》报道，这个组织的宗旨本就是保护历史遗迹，却没有把这件事放在优先位置。他们花费1 000万美元用于扩建阿拉莫图书馆，却只预留350美元用来做每年和遗迹保护相关的计划，而且对屋顶漏水这件事置之不理了14年。政府很生气，得克萨斯州土地办公室把这个组织拥有了110年的支配和掌管权给取消了。

在有了手持格洛克式手枪的亲身经历后，我再也不敢评判任何生死攸关的抉择了，不过，我控制不了自己是否会被别人评判。保博士数月之后被叫去解释为什么要做那样的决定，而且她的决定被局外人指指点点。我们常常会冒险，从经营关系到做财政预算，每件事都容易迅速失控。所以，提前对我们的优先次序有一个理解，能够帮助我们减少许多损失。

有意识且有计划地做优先排序是至关重要的，不仅仅针对执法者和医学专家来说。这种把信息分出轻重缓急的能力对生意、教育、儿童养育、工作面试，甚至是学术能力测验来说都是必需的。优先排序能让我们更加专注，更加有效率，而且更加果断。

很多人意识不到他们个人的优先排序的技巧如何，我培训的大多数专业人员也是如此。在我的某个培训项目中，学员中还包括 911 报警电话的接线员，我让所有的参与者相互配对，有一个人将要面对着房间前方的屏幕，另一个人不看屏幕并记下笔记。我放了一张照片到屏幕上，给观察的学员一分钟时间去把他们所看到的东西描述给搭档，搭档根据听到的信息来画一幅素描。就是这张照片。

霍埃尔·斯特恩费尔德，《麦克莱因，弗吉尼亚，1978 年 12 月》

用一分钟时间来写下你能够看到的客观事实，越多越好，来看看你排列优先次序的水平究竟如何。

在我宣布暂停之后，我们开始回顾每组学员是如何对事实进行分类的。每个人都提到南瓜，有些人提到在前面的那些南瓜碎了，我还听到有些描述是关于秋天的颜色和那些无叶植物的。很多人看到了标志而且拼写也是正确的：麦克莱因农贸市场，甜苹果汁，有些人甚至提到右边看板上画着红苹果。

但是，令人难以置信的是，有些学员完全忽略了着火的房子。他们对我肯定地说，他们并不是没有看到，他们只是还没有去告诉搭档，有一个人是这样解释的："我们从南瓜开始说，然后从前景向后退，描述画面靠后的内容，然后你就叫暂停了。"

让我再说一次，这组学员中，有人是 911 报警电话的接线员。我没有试图去挑出他们，所有的参与者都很棒，但我觉得这意味着：当我们缺乏优先排序的意识时，我们面临的挑战是多么巨大——而且可能是危险的。我们心里都应该有个优先次序，而仅仅是从前往后描述并不是好的顺序。这是一种列出信息的方法，但只是列出信息还不够理想。不论是在工作中还是在家里，我们不能仅仅是毫无次序地把所有东西就这么丢给另一个人，或者放入一个报告中。我们不能假定别人有时间、有意愿、有能力去分析从多种渠道扑面而来的堆积如山的大量信息。我们需要把这些信息做优先排序，不然别人就会自己排序，而这个排序可能会是错误的。我们需要确保重要信息没有被其他人看漏。

为了做到这点，我们需要一个区分优先次序的系统。有好多的方法去做优先排序，有些带有古怪的名字：高 / 中 / 低、MoSCoW 优先处理法[①]、从最紧急到最不紧急、帕累托图表、KANO 模型[②]优先次序矩阵、散布图和时间盒。在医学界，我们通过分类系统来找到并优先照顾受伤最严重的患者。在军事领域中则恰恰相反，伤员鉴别分类——也是保博士在她的医院里应用的——用来疏散最有可能存活下来的人，根据轻重缓急分配救治力量。六标准差（Six Sigma）有一个优先次序矩阵的项目。SAP 软件公司的产品整合运用了价值图。当五角大楼运用了 CARVER[③]矩阵，全国县市卫生官员协会在会议中，只是把有颜色的扑克牌赌注丢在不同鞋盒里面，用以决定哪些是重要的、哪些不那么重要。无论你用什么方式来区分优先次序，关键是你的确做了优先次序上的管理，并确保你把最重要的信息放在了第一位。

记者为了让自己在讲故事的时候把最重要的事情放在最开头，他们这样对自己说："别埋没了有价值的线索。"

为了帮助排列优先次序，我们必须首先详细观察所有可以获

---

① Must have, Should have, Could have, and Would like but won't get 表示必须做的、应该做的、可以做的、不要做的。——译者注

② 也叫狩野模型，东京理工大学教授狩野纪昭（Noriaki Kano）和他的同事定义了三个层次的顾客需求：基本型需求、期望型需求和兴奋型需求。这三种需求根据绩效指标分类就是基本因素、绩效因素和激励因素。——译者注

③ 指代 Criticality：危险程度，Accessibility：可到达程度，Recuperability：恢复力，Vulnerability：弱点，Effect：效果，Recognizability：可辨认程度。——译者注

得的信息，并把最重要的事实放在最上面。只有当我们先把所有能收集的信息尽可能都收集到，才能够成功地区分优先次序。不过，一旦收集到了所有的信息，我们就要去筛选它们。

举例来说，你刚刚完成一次视察福利情况的家庭访问。你收集到了你能找到的所有信息，从地毯上的小绒毛，到杂志篓里的所有书刊。然而，你并不需要把所看到的一切记入正式的报告中。一般来说，报告中并不需要包含“客厅的窗帘是蓝色的”之类的信息，但是如果在窗帘上有子弹打出的洞的话，你就需要记录下来，而且应该优先记录。

巴尔的摩警察署在性侵调查训练中就做得非常好。它的“采访受害者”的准则数据包非常详细和彻底，包括比如受害者应该在什么样的地点接受采访？报告应该怎么写，是否需要对案件或受害者进行背景调查？这一切都会从一句话开始：“采访受害者的侦探需要把受害者的需求和心理舒适放在优先位置。”把这条指导简明扼要地放在首位，突出了在这个过程中什么才是最重要的。这条确实是最重要的，用费城警察署特殊受害人部门的副队长约翰·达比的话来说，你对受害者越贴心，这个案子就越能惩罚罪犯，申张正义。

就像观察、认知和洞察一样，优先次序因我们每一个人以及发生的不同情况而有所不同。不同的优先排序系统会对不同人奏效。我对自己教授的最广泛的人群使用的最有帮助的一种做法是，借用里查德·J·霍耶尔的中央情报局训练操作手册《情报分析心理学》（*The Psychology of Intelligence Analysis*）大纲中提到的“三叉提问法”，就是问自己三个问题：什么是我知道的？什么是我不知道的？要是有可能得到更多的信息，我还需要知道什么？问这三个问题有助于整理信息，并且在任何情况下发现那些最重要的要素。

什么是我知道的？

让我们运用已经学会的评估技能来回答“我知道什么”的问题。先从零开始，只是观察，然后收集人物、事件、时间和地点的信息。要注意我们的感知过滤器并确保只做客观总结。然后改变物理视角和头脑视角，再次观察，不只有小细节，还有大图景。完成这个过程后，我们将要分析所有信息，然后来决定哪个信息最为重要。

让我们用以下这幅画来做练习，这是勒内·马格里特的一幅名叫《时间的凝视》（*Time Transfixed*）的画作，在芝加哥艺术博物馆展出。请运用我们目前为止学过的所有观察技能和认知技能，列出所有你找到的事实。你可以把它们写下来，或是在心里默默将它们分类；我只要你说出自己注意到的东西，然后我要你去注意到自己注意到了什么，所以在你真正彻底地把它看一遍以前，不要继续往下读。

勒内·马格里特，《时间的凝视》，1938

好了，现在我们来核对你所看到的每样东西：

——一辆从壁炉里开出来的火车。说得更具体些，是一个黑灰色的蒸汽火车头，从壁炉里开出来，悬在距离地面几英尺的位置。

——烟或蒸汽，从引擎最上面的主烟囱里冒出来。

——一个斑驳的带着壁炉架的灰白色壁炉。

——壁炉架上有一个黑色的圆钟，钟面上是罗马数字。

——两个金属质感的咖啡色烛台在钟的两侧。

——一面金色边框的大镜子装在壁炉架的上方。

——木纹地板，如果你数出来了是 15 根的话，加分。

那么，还有一些小细节呢？你有没有注意到以下这些细节？

——火车头有 10 个轮子，但是我们只能看到 6 个。

——火车的侧面有红色条纹，前方有红色的保险杠。

——在墙壁上、壁炉周围的浅棕色的护墙板材料。

——显示在钟面上的时间是 12 点 42 分。

—— 在壁炉上，火车的影子是指向西南方向的。

—— 只有左边的烛台反射在了镜子中。

—— 火车里的蒸汽向上流动进入烟囱里，而不是从烟囱里弥漫到房间里。

现在，让我们来从以上这两组信息中给这些事实排序，我们从第 202 页的表中来给它们编号，从最重要的细节到最不重要的细节进行排序。因为重要性会随着情况的变化以及评估者的不同而产生变化，我将会给你一些参量。

1. 我们假设你被叫去一个如同琳达 · 斯坦因的公寓那样的住所，去调查一起谋杀案。在第一栏，根据可能是最重要的事实情况来编号。

2. 想象一下，这是一间有人（比如安妮·黎）失踪了的房子，重要性的优先次序会有怎样的变化？在第二栏，根据你认为最重要的事实情况来编号。

3. 现在，这是一个亿万富翁的客厅，这个客厅里发生了一起艺术品抢劫案，请在第三栏根据重要性给这些事实编号。

4. 现在，想象一下你是一个室内设计师，带着工具，被叫去彻底拆毁和改造这个空间。请在第四栏按照重要性给这些事实编号。

5. 最后，如果你被一个历史协会雇用，要去修缮和保护这间房间，那么，你所看到这间房间的事实情况将是一个怎样的优先次序？请填写在第五栏。

我们可以看到，根据情况的不同，优先次序就会发生变化。对于谋杀案的调查而言，最重要的东西可能是烛台，因为这可能会被看作是潜在的武器；对于失踪调查而言，最重要的也许是钟表上显示的时间；对于艺术品抢劫案来说，可能是留下来的那节火车。而且，即使有些情况中的优先次序是一样的（比如，室内设计师和历史文物保护专家都会最关心木头地板、护墙板材料和壁炉的周围），但是这些事实被摆在优先位置的原因也会有所不同：设计师在看怎么去拆掉它们，而保护专家则是用修缮和翻新的眼光在观察它们。最终，只要我们脑海中带着一个特定的目的给事实优先排序，就不存在某个单一的正确答案。

这就表明，我们仍然必须把一些和眼下的目的无关的事实情况列出来并做分类。我们可能不知道火车为何在壁炉里，但是这不意味着就可以去忽略它。

1. 谋杀案调查	2. 失踪案调查	3. 艺术品被窃	4. 室内设计师	5. 历史文物修缮	
					一辆从壁炉里开出来的火车；说得更具体些，是一个黑灰色的蒸汽火车头，从壁炉里开出来，悬在距离地面几英尺的位置。
					烟或蒸汽，从引擎最上面的主烟囱里冒出来。
					一个斑驳的、带着壁炉架的灰白色壁炉。
					壁炉架上有一个黑色的圆钟，钟面上是罗马数字。
					两个金属质感的咖啡色烛台在钟的两侧。
					一面金色边框的大镜子装在壁炉架的上方。
					木纹地板，如果你数出来了是15根的话，加分。
					火车头有10个轮子，但是我们只能看到6个。
					在火车的侧面有红色条纹，前方有红色的保险杠。
					在墙壁上、壁炉周围的浅棕色的护墙板材料。
					显示在钟面上的时间是12点42分。
					在壁炉上，火车的影子是指向西南方向的。
					只有左边的烛台反射在了镜子中。
					火车里的蒸汽向上流动进入烟囱里，而不是从烟囱里弥漫到房间里。

在一次评估练习中，我给学员看下面的这张图片，这是一张真实的、未被修饰过的图片，是密歇根的一座户外艺术装置的照片，我请一位年轻男士来描述它。他描述得非常好，只是没有提及桥上的桌子和椅子。他之所以没有提，并不是因为他没看见，而是因为他“不知道如何去理解为什么这幅画里会出现这两样东西”。这不是个忽略事实的正当理由。不管你是否理解，或许别人会理解。在陈述事实的时候，自己不理解的东西就不管不顾的做法是很危险的。

萨拉·格兰特，《家具城为艺术的世界陈设桌椅》，2009

电子邮件在 20 世纪 90 年代中期开始成为主流，但许多公司并不知道该如何联络突然涌现的新客户。一家非常有名的公司（一个大型的、为家庭提供娱乐服务的公共娱乐场所）就轻易地无视了它好几个月。执行官让客户通信部门不要因为邮件而分心，根本不用去回复，因为他们认为人们就好像只是“往太空中”发表评论似的，所以也不会期待得到回复。然而，有件事很快就让他们改变了主意。《纽约时报》在头版文章中写到，财富500强公司正被它们的电子邮件政策弄得团团转，这家公司虽然没被提及，但是管理层很快意识到自己也会面临这种麻烦。并且，一位在公司网站工作的精通技术的职员发现，这种大爆发的威胁正是通过电子邮件发出的。于是这家公司立刻组织团队，想办法如何有效地面对和解决这个现代通讯中的新的现实问题。很幸运的是，因为及时的调整，该公司最终没有让“忽视自己不了解的事物”这个问题把这件事搞砸。

所以，即使我们不知道自己正在看什么，也仍然要做分类和优先排序。现在，让我们来看看如何去看“我们没有看到的东西”。

什么是我不知道的？

回答这个问题所用的方法和回答上个问题的方法非常类似。不过，这次我们并不是要寻找那里有什么，而是要探求什么是那里不存在的。很多时候，“没有什么”和“有什么”同样重要。在应急医学中，这个概念被称作“未出现的相关症状”（the pertinent negative），被定义为“如果没有某种信号或症状的话，就可以证明或鉴别某患者的病情”。举例来说，有位患者向医生诉说自己呼吸短促，医生可能会去听听病人肺部是否有爆裂声。如果没有爆裂声，那么就能排除肺炎的可能性。在这种情况下，爆裂声就是我们说的“未出现的相关症状”：通常情况下，如果是肺炎的话，就会存在这种症状，但是在这个病例里，没有爆裂声，所以就说明不是肺炎。

我们已经知道，亚瑟·柯南·道尔爵士是在约瑟夫·贝尔博士的门下学习医学的，因此他最著名的小说非常善于运用“未出现的相关症状”，这一点也不奇怪。夏洛克·福尔摩斯和苏格兰场检察员格雷戈里的对话中，我们就能看到这个技能。在道尔最著名的短篇小说《银色马》（“Silver Blaze”）中，两个人物在调查一起谋杀案。检查员格雷戈里讲完话后，福尔摩斯这样回应：

> “你有没有什么重要的地方想引起我的注意？”
>
> “我要你注意狗在晚上发生的奇怪现象。”
>
> “可是狗在晚上没有做什么啊。”
>
> “狗没做什么，就是奇怪的现象。”

狗没有叫，这就是破案的线索，这说明杀人犯是死者（和死者的狗）所认识的人。

在医学领域以及其他领域，一个事物、事件或是行为的缺失，正好有助于辨别或证明一个事实。当我们在观察看到了什么的时候，同样也要注意到那些“我们看不到”的信息，尤其是那些预料中本该存在的事物。

再看一下上一节中那张火车头与壁炉组成的图，然后列出缺失的东西。

你有没有注意到以下这几条呢？

——烛台上没有蜡烛。

——火车下面没有轨道。

——壁炉里没有火。

确认未出现的相关情况能够使我们的观察能力更独到。通过清晰地表达什么东西明显不在场，就能够给出在我们的认知当中更加精确的描述。当我们有意识地谈及未出现的相关情况，就做到了更加准确。说“壁炉架上有烛台”是不够的，如果只谈及了“烛台”，听的人中至少有一半会假定为有蜡烛的。我们必须要把描述具体到“没有蜡烛”，扫除听者可能有的假设。

在我的课堂上，大多数人都注意到了烛台上没有蜡烛，无论他们有没有提到，但是几乎所有的人都没有提到“壁炉里没有火”这个事实。如果让人们去画一个壁炉，而且事先不看任何参照物，很多人都会画一些原木和火堆，因为这本来就是壁炉的作用，所以在这幅图中，“壁炉里没有火”是很重要的信息。

未出现的相关情况能够帮助人们处理困难重重的案件，解决难以捉摸的问题，获取难以找寻的线索。事实上，它的作用如此之大，仅是从我网站上的 3 分钟在线视频得知“未出现的相关情况”的概念，就能帮人去处理杀人案件。

北卡罗来纳州律师事务所的调查员杰拉尔德·赖特被派去调查一起造成死亡的船只事故。船上的证人提交的报告说：他们的船卷入海中，导致有位乘客不幸遇难。所有在场的警官都知道，这件事肯定有说不通的地方，但是并不知道究竟哪里出了问题。当赖特赶到并找到船只时，他发现在船头的甲板上，有一个网袋里装有许多文件：所有权的文件、电子产品的操作手册、保险的信息，都没有什么异常。不过，赖特回想起了我在课堂上讲到的“未出现的相关情况”的概念。在这次船只事故中有什么东西是缺失的？——是水。他意识到，如果这件事真像证人所说的那样，那么船上那些文件应该是湿的才对，但是文件并没有湿。

赖特卓越的观察力圆满完成了这次调查，法院获取的船只导航系统最终证明，船并没有翻，而是被扔到了一边，放下了那个乘客，后来，船往回开，并围着乘客旋转，使那个乘客被螺旋桨绞到，导致死亡。原来这起“事故”并不是什么事故，而是凶杀案。

我与大学校园里的宿舍指导员一起工作时，最大的问题之一就是那些“维可牢家长”，无法放开孩子们的手。这些家长过度地消耗宿舍指导员的时间，他们焦虑地打电话给他们：“我有一天没有收到儿子的消息了，他安全吗？”宿舍指导员可以到房间里去察看，但是他们并不是管理员，也不是看门人，如果学生不在那儿，宿舍指导员一般也无法知道他会在哪里。校园很大，大学里的学生在探索他们新的自由天地，常常不向自己的家长汇报情况。

宿舍指导员不能简单地告诉家长说孩子不见了，那会让家长无法平息情绪，也无法停止他们没完没了地追问。我教他们运用未出现的相关情况，像调查人员用来确定一个失踪人员是遭到了绑架还是自己逃走了那样的调查法。除了找失踪的本人之外，他们会看看有什么东西是不在场的。比如在这个事例中，学生的手机、笔记本电脑、钱包、钥匙在哪里？如果那些东西也不在的话，那么很可能学生是自己离开的，并且没有危险。宿舍指导员在纵观大局的时候，可以运用未出现的相关情况：这个学生是不是一个不合群的人，不常常和别人保持联络；还是异常地完全和家长、朋友脱离了联系，从而产生真的有危险的迹象？

医务人员也能够通过某人不在场知道很多情况。他们通过在医院里有没有亲戚和朋友，能够知道很多关于这个患者的生活和支援体系。同样地，老师也可以通过相同的方法，注意到家长对孩子的课堂有多少参与或者是缺少关心。

积极地对不在场的事物进行分类，也能帮助我们专注于自己的需要。组织顾问特里·普林斯建议我们在做项目计划的时候，去看“不在场”的人物、事件、地点、时间。“什么样的人是我们不需要的？什么是不应该包含到项目中的？什么地方是我们不会去的？什么时候我们不做这件事？”

一位密歇根的女孩运用了未出现的相关情况帮助她所在的城市里不幸的人们。这位名叫亨特·麦克莱恩的女孩，走进底特律市中心参加马丁·路德·金纪念日的队列，她注意到有样东西是游行者同伴缺失的。虽然 1 月的早晨温度很低，在冰点以下，可大多数游行的人，包括很多孩子，都没有戴帽子和手套。亨特想要解决这个问题，于是她开始在高中校园筹集手套和帽子。就这样，她的慈善机构“温暖底特律”扩大到了有 5 所其他学校加入，筹集了超过 2 000 副手套和帽子，给她所在的区域那些无家可归的人们提供了避难所。

意识到我们不知道的东西，和了解到我们知道的东西同样重要。这不仅包括未出现的相关情况以及缺席的东西，还包括我们所收集的信息当中那些主观的、不清楚或者是基于假设的信息。

我们不能当这些东西不存在，而是要坦率地承认，正确地将它们归类，这样才能够让我们成功获得额外的必要信息，将“不确定”转化为“确定”。

许多人之所以不去考虑自己不知道的东西，是因为他们错误地认为，那样会暴露自己的无知或者不勤奋。其实，问自己“什么是我不知道的”，并不等于抛出自己不知道的问题。你所说的，实际上是“在此时此刻没人知道，我非常仔细，意识到了这个重要的问题，我将它说出来，让其他人帮助我一起找到答案”。如果我们重新调整自身的态度，别人也会向我们学习。

我们的老板、项目经理或者家长，想知道是否有什么情况是没有按照预期的方向进展的，有什么东西是没有在运转的，以及有什么东西是缺失的。我们越快发现一个情况，就能越快地解决问题。让别人知道什么是不足的，并不该被看作是短处，而应该被看作对于更深入的调查与合作的一次机会。

管理者需要消除一切偏见，让员工能够自如舒适地讲出自己所不知道的东西。一个因为决策预期而让公司的氛围不接纳诚实、客观观察和事实汇报的公司文化，会让员工用自己的无知盲目地填补空白，结果对谁都不利。举个例子，我们在第4章学到了假设的危害，我们回顾了在伊拉克情报委员的报告中的发现——是哪些事件导致了伊拉克战争。最后，报告的结论是这样写的：“也许最糟糕的是，我们发现这个情报委员会的分析师经历了十分困难的时期……他们不能为决策者清楚地辨别他们不知道的信息。分析师往往太轻易地接受这些信息上的空白，他们为收集情报的人发现新机会所做的太少了，他们并不经常告诉决策者他们知道的情报是多么地有限……分析师必须积极地承认他们不知道什么，这样才能更好地专注于将来的情报收集工作。相反，决策者必须做好准备，接受不确定性，承认分析师对情报的评判资格，不要不切实际地期待超出现有的已评估信息带来的结果精确性。”

想象一下，你所在的组织面临着那个情报委员会一样的内部审查，它会如何评估员工承认自己所不知道的东西的意愿，以及经理人愿意接受这些信息的意愿？合作是分析信息的关键。每个人都需要知道什么是自己知道的，同时也需要知道什么是自己不知道的。

什么是我需要知道的？

无论在什么场合，我们需要问自己的最后一个问题是：如果我有可能在某种情况或者某种场合下获得更多的信息，那么，还有什么是我特别想知道的？这个问题可以帮助我们厘清应该在哪里付出时间和资源，这样就可以对潜在的后续工作进行更好的排序。当然，对于附加信息的需求会根据我们自身的经历、工作、寻求某样东西的原因而不同；比如，同样是问人的问题，潜在的雇主和执法人员所寻求的答案是不同的。

让我们再用第 4 章开头时爱德华·霍珀的《自助餐厅》来练习排序。在第 4 章，我们已经从细节上评估了这幅画，最后发现有很多东西是我们不知道的。

我们不知道的内容有以下这些：

- 穿绿色大衣的妇女的身份。
- 她的年龄。
- 她的住所。
- 她在哪里工作。
- 她为什么在自助餐厅里。
- 她在喝什么。
- 如果她已经用过餐了，她吃喝了什么。
- 她的心情和大致性格。
- 她独自一人在外的原因。
- 她的婚姻状况。
- 这家自助餐厅的名字。
- 自助餐厅的方位。
- 时间是几点。
- 妇女的另一只手套在什么地方。
- 为什么看不见她的另一只手套。

让我们回顾一下这份清单，从你的职业或是日常主要职责的角度出发，以你认为的重要程度给这些问题排序并编号，然后去发现哪些答案可能帮助我们找到其他问题的答案。现在，你有一份私人的优先次序清单，它将明明白白地展示什么事情是你最想去发现的。

汇总信息

要知道我们如何将“三叉提问法”履行实践，需要再来看看我在北卡罗莱纳州那次关于枪击训练模拟器胆战心惊的开枪经历，在第三个虚拟场景中，我曾和那个拿着包从我家后门逃跑的男人有过交锋，来看看我是如何对信息进行排序的。我已经做了很多遍这件事，所以现在这已经成为我的第二天性了，不过，在这里，我列出大脑自动导出的信息。

什么是我知道的？

- 儿子独自一人在家。
- 我家的房子里有个陌生男人。
- 他拿着什么东西正要逃走。

什么是我不知道的？

- 我儿子在家里的什么地方。
- 我儿子是否受伤。
- 那个陌生人是谁。
- 那个陌生人是否持有武器。
- 那个陌生人拿着的包里放了什么。

我还需要知道什么？

- 我儿子是否平安无事。

在这个事件中，房子是我的，儿子在哭喊，我有一把装了子弹的枪。我在那时甚至都还没有意识到这个男人没有带武器，我的优先次序就已经让我对他开枪了。这个判断结果当然只属于我，如果换作别人，优先次序不同，结果就可能会不一样。但庆幸的是，这次模拟演习并不是真实的生活，恰恰给我机会去回顾和实践这种排序。当我们了解到优先次序与理智意识到某些情况的时机是同时的，甚至来得更快时，能让所有人更好地去参与到一个事件的前奏、经过和后续发生的事当中。

现在，我们用三叉提问法对以下这幅图进行训练排序。

什么是我们知道的？我们已经在前面的章节学习了如何评估一幅画，现在就从人物开始观察。有4位妇女站在粗糙的木头栏杆旁。这很简单，对吗？然而，我们不想马上跳到结论，即使是

这么简单的描述。她们是妇女吗？是的，看上去是。是有 4 个人吗？请再看一看。除非有一个人有义肢，不然就应该还有第 5 个人，我们不能完全看到她，只看到她的手臂搭在最左边那位妇女的右肩上。所以，一共有 5 个人。每位妇女都把一只手放在自己脸上。她们都穿着长袖连衣裙，把头发盘在脑后，都梳着相似的发型。左起第 3 位妇女左手腕戴了一只手表。

有位学员告诉我，这些妇女都属于某个宗教组织。有人断定她们是亚米希人，因为这位学员在宾夕法尼亚州长大，知道亚米希人是什么样的。不过这个猜测虽然很有价值，但终究只能提供参考。仅凭观察，我们无论如何也没有证据说她们就是亚米希人或者属于什么宗教组织，因为她们也可能只是装扮成了亚米希人。

我们还知道什么别的事实？这是在什么地方？在户外。不能假设她们是在农村，也不能假设她们身后是怎样的建筑物，因为我们看不到。那么这是什么时间呢？有学员说，看上去像是一幅现代的照片，尽管妇女们穿着老式的服装。我同意这种说法。这张照片肯定不是 100 年前拍摄的，而是近代的照片。那么究竟离现在有多近呢？ 1980 年？ 2014 年？仅仅通过她们的穿着是无从知晓的。我们能看出照片里的时间是白天，能知道的也就这些了。

我们再来问自己第二个问题：什么是我们不知道的？我们不知道这些妇女相互之间的关系。不知道她们在哪里。不知道这张照片是什么时候拍摄的，妇女们在看什么东西，为什么她们脸上的表情看起来好像是悲痛、害怕、怀疑或是感伤？她们的心情是怎样的？

最后，再问自己“我还想知道什么”？有人或许会说“所有的事”。那是当然，但我们要排出个优先顺序。让我们再往回看一下什么是我们不知道的。有没有什么答案，一旦知道了就能回答其余的问题了呢？有一个最重要的问题，它能够给出其余问题的答案，那就是：发生了什么事？

根据目前的情形，我可以告诉你，在 2008 年 4 月，得克萨斯当局突袭了位于埃尔多拉多城外的叫作“渴望锡安山”[①] 的大院，耶稣基督末世圣徒原教旨教会拥有这座大院，这个教会是由沃伦·杰夫领导创立的信奉一夫多妻的教派。教派中有四百多名儿童被拘留，我们从这张照片上看到，有些母亲眼睁睁地看着这一幕上演。通过对所有未知信息进行排序，然后把它们浓缩为一个问题“我们想知道发生了什么事”，那么，其余大部分的问题也就会迎刃而解，比如：这些妇女是谁？她们相互之间是什么关系？这件事发生在什么地方？为什么会发生这件事？

或许其他人也会从其他方向来试图了解这些妇女的身份和这张照片的拍摄地点。通过把聚焦缩小的方式，去看我们最想知道的问题，就能够在最短时间里得到最多的答案。

“紧急性”对抗“重要性”

当你对信息进行排序的时候，要注意紧急性和重要性的区别。

① Zion Ranch 原意是耶路撒冷的一个迦南要塞，后指锡安山。——译者注

紧急性是指某件事强烈需要关注，但往往只需提供短期的解决策略。而重要性则是表示某件事是有价值的，值得长期经营。虽然紧急的任务有时也是重要的，但在更多情况下，紧急的事情会蒙蔽我们，让我们看不清那些真正重要的事情。

德怀特·戴维·艾森豪威尔总统的日常事务优先排序非常著名，他善于看清重要的事务，筛掉紧急的事务。时间管理专家一向推崇艾森豪威尔决策矩阵。畅销书《阳刚的艺术》(*Art of Manliness*)的作者是布雷特·麦凯和他的妻子凯特·麦凯，在这套为人们提供建议的系列丛书中，解释了为什么艾森豪威尔矩阵如此有效："紧急的任务会把我们放入一个反应模式，这种模式是防御的、消极的、匆忙的、视野狭隘的精神状态。而当我们关注重要的任务时，我们处在一种应答模式中，这种模式会让我们保持冷静和理性，会给我们带来新的机遇。"

几乎所有人每天做事的时候都被各种资源所限，缺时间、缺人手、缺资金。所以，紧急的事情好像一直都会追着我们。不过，一旦你意识到了这种压力，就有办法消除它。

让我们再来看一看本章第一幅图片，也就是着火的房子和南瓜地的照片，着火的房子肯定是个紧急的事实，但它是不是最重要的呢？让我们用三叉提问法来回答。

什么是我们知道的？秋天里，麦克莱因农贸市场有一片南瓜地，后面有一幢漆成黄色的两层房子着火了，消防车来了，消防车用可伸缩式梯子来搭救。

什么是我们不知道的？这是哪里的南瓜地和房子？火灾是怎么引起的？为什么那位在买南瓜的顾客看起来对不远处的火灾漠不关心？

我们还需要知道什么情况，才能回答其他绝大多数问题？房子着火了是紧急的事实，然而更重要的谜题，还是那个无动于衷的顾客。

我们要更仔细地观察那个顾客，这有助于了解他对于附近的火灾如此无动于衷的原因。我们看到他穿着一件笨重的黄衣服，当时的温度可能是秋季中比较寒冷的，但是很明显，他并不冷。他还带着头盔，穿着靴子，橡胶靴子上面有彩色条纹，这点透露了一个新的事实：他是一名消防员。现在我们来一起分析一下这个新的事实。

为什么在所有人当中，唯有消防员在面对火灾的时候，还在那里悠闲地挑拣南瓜？他会不会不知道有火灾？可是像那样的乡村地区，消防部门不会像在大城市那样有好几千名队员，所以他一定知道发生了火灾。即使这样，他仍然自顾自地买东西。在什么情况下，消防队员会不在意火灾的发生？——就是当他知道这是一次消防演习的时候。

当摄影师乔尔·斯滕菲尔德开着大众面包车驶过这个乡村的时候，碰巧看到了这情景。这幅著名的摄影作品发表在了《生活》（*Life*）杂志上，标题中，告诉人们的只有时间和地点：麦克莱因，弗吉尼亚，1978年12月。观众和那些批评家模样的人只看到了这张照片的表面，他们咒骂消防员的无能，犹如当罗马城烧起来时，尼禄还在买南瓜。斯滕菲尔德在他职业生涯的后期才告诉人们，这幅图片只是对事实的描述——一次井然有序的消防演习，有位消防队员正在中途休息。要是有任何人当时跟进了最重要的这一点（一个在闲逛的消防员），那么，就可以更早发现真相。

我们能够从优先排序中了解到自己的什么

对某个人来说很重要的事，对另一个人来说或许并不那么重要，但是毫无疑问，你的优先排序会告诉大家——有关你的老板、同事、合作伙伴、朋友、孩子——很多情况。

一位宾夕法尼亚伊利湖的摄影师，利用整个假期走访一所福利院，在那里，当地的孩子可以挑选 3 样喜欢的东西，摄影师期待拍摄到一张温暖人心的照片。绝大多数的孩子选择了玩具或是娃娃，另外一些孩子拿了新的网球鞋。但是有一个孩子的选择非常特别：他选了麦圈、卫生纸和牙膏。他什么话也没说，就已经通过他的优先排序让人窥见了他的生活。这个男孩没能像其他孩子那样参加什么课后托管服务项目，他是没有家的孩子。

西北航空在被达美航空收购之前，有一个美誉，说它把乘客的舒适度排在了燃油价格之前。热衷于航空事业的人员追踪了西北航空的模式，他们这样记录：遇到不稳定气流的时候，别的航空公司会穿过气流，并不避开，而西北航空的飞机却会绕很大一圈。了解了西北航空公司的优先排序后，乘客就可以根据自己的优先排序——一次舒适顺利的航行是否要比快速到达更重要——由此来决定是否要搭乘这家公司的航班。

我们必须要注意，自己的优先排序会给别人传达什么样的信息。老板是否知道我们为了获得一笔新生意付出了多大的努力？心爱的人是否知道他们要比我们自己的事业对我们来说更重要？约会对象是否知道她要比那通电话更重要？孩子是否知道我们陪伴他们的时光比一切更重要？不管我们是否意识到这点，自己的行为早已向别人展示了我们的优先次序。

我带了一群学员去史密森尼美国艺术博物馆观看菲利普·艾弗古德的作品《轮椅上的老贵妇》（*Dowager in a Wheelchair*）。那是一幅巨大的画（3 英尺宽，4 英尺高），构图极其复杂，一位穿着考究的老妇人坐在轮椅上，由一位衣着入时的年轻女人推着，行走在纽约市一条拥挤的街道上，街上有推着婴儿车的母亲，有拿着购物袋的逛街人群，还有遛狗的人们从她们身边经过。车辆和出租车贴近她们的左侧行驶，而在右侧，紧挨着的是一座公寓大楼。

菲利普·艾弗古德，《轮椅上的老贵妇》，1952

我们在这幅画中看到许多色彩和行为，而且创作者的视角也十分独特，能够看到窗口花坛开出的花朵，还能透过窗户看到里面穿着红色高跟鞋、裸露着背面的女人。而这位坐在轮椅上的妇女身上也带着许多细节：她戴着混杂着橙色和紫色花朵图案的帽子，脸上蒙着薄薄的面纱，脖子上戴着一条紫色的宽颈带，她戴着黑色的恰好包裹住手肘的手套，手腕上还戴着三条手链。她穿着低跟的黑色玛丽珍鞋。大腿上放着一副眼镜，还有她朦胧的薰衣草色裙子，有蕾丝的缝边，或者也可能是一件女式小内衣，可以透过她的裙子看到里面。

我们可以从这幅画中看到许多。那么你如何排顺序呢？如果排在第一位的不是“坐在轮椅上的老妇人”而是“乳头”的话，人们也许会觉得你非常怪异。你应对你所看到的东西抱以诚实的态度，但是也要知道，你表达的顺序会让他人看出你的为人。组织你所观察到的信息，告诉别人你认为最重要的要素，都需要花些时间，并且，在你把自己的想法告诉他人之前，你要先想好理由。

***

对信息做优先排序，尤其是还没养成习惯的时候，会在一开始感到步伐慢下来。但是，这是组织、安排和分析信息时不可或缺的一步。庆幸的是，排序也像这本书里谈到的其他技能一样，我们越是下意识去做，这个过程就会变得越快，而且越容易自动完成，所以它最终能为我们节省时间和精力，因为它会让我们聚焦于正确的方向，并更好地展开未来的行动。

优先排序让已收集到的信息变得更加有序。特别是我们在工作场合向别人表达我们的发现时，需要仔细地想一想，什么是我们认为重要的。那么，接着进入下一步：学会如何有效、清晰地表达我们所发现的事物。

清晰表达

第三部分

“几乎准确的词汇”和“准确的词汇”之间的差别之大，就像是萤火虫和灯之间的差别。

——马克·吐温

第 8 章

解开未知的答案

如何避免失败的交流

2001 年，24 岁的政府实习生钱德拉 · 利维失踪，引起了媒体一片哗然。调查显示，她和已婚的国会议员加里 · 康迪特有了婚外情，关于她的下落，没有任何的消息，利维于是成了大众文化里的一种谈资，她的名字出现在深夜脱口秀的笑话里，甚至是说唱歌手阿姆风行一时的歌曲里（“How can one Chandra be so Levy？”）中。在一年多的时间里，她的尸体也未被人发现，事情过去了 8 年，杀害她的人也没被起诉，而且在这个杀人犯的案例当中，据称绝大多数都与狱中自白有关，因此他被准许重审。

对每个牵涉进去的人来说，这件事都是悲伤、持续和不幸的。但是有一个问题困扰了我很长时间：为什么仅仅是一个词语的失误，就能扰乱整个调查。

利维离开她的房子时，她的朋友和家人都不知道她到底去了哪里。她真的是消失得无影无踪，只留下了手机、信用卡和驾驶执照。警方花了一个多月的时间恢复她笔记本电脑上的最后一条搜索记录，结果显示，案件的线索指向华盛顿岩溪公园，这个公园很大，面积是纽约中央公园的 4 倍。

2001 年 7 月 25 日，在利维失踪 85 天后，几十个华盛顿警察聚到一起，在这片广阔的自然区域里找她。范围是距离公园方圆约 100 码[①]内的所有道路。但在一天工作结束的时候，依然什么也没有找到。

再后来，他们知道了，实际上下达的命令是：所有公园小径的周边 100 码都要搜查。在这个命令的沟通链条上，有人把一个关键词给改掉了。有人假设“路”和“小径”是一码事，结果导致搜索范围急剧缩小。案件发生之后的 10 个月都没有任何发现——结果利维的尸体就在距离公园的某条小径 79 码的地方。一个被说错的词可能会推迟对结果的发现，而且还意味着，许多有助于找出杀人凶手的法庭证据就这样丢失了。

看到别人看不到的东西，或是知道什么会对一切产生致命的改变，还是不够的，这只是成功了一半。我们能够拥有惊人的观察能力和分析能力，但如果不能有效地沟通，那还是不能利人利己。一项好的发现，只有当它被传达给了别人，才是对社会有益的。在这个世界上，我们花了很多的时间收集和分析信息，但如果不能仔细清晰地表达，那么任何人，包括我们自己，都无法从中获益。而且，因为沟通不足和误解会导致一些原本可以避免的

① 码，英制中的长度单位，1 码约为 0.9144 米。——译者注

问题出现，这样的事天天都在发生，包括丢失证据，错失机遇、失去爱人，甚至是断送生命。

2014 年 6 月 9 日，美军的一个特别行动组在阿富汗南部执行完某次任务之后，回到基地的途中被反政府武装分子伏击。一架隶属美军的 B-1 轰炸机受命支援，发射了两枚导弹，结果正中他们意图支援的美军行动队。5 名美国人因此阵亡，使这次事件成为驻阿富汗美军及其盟友在十多年来最严重的友军误伤之一。官方对此事件的解释是：沟通失误。

在美国国防部发布的一项 300 页的报告中，空军少将杰弗里 · 哈里根总结道："如果团队能够有效地沟通，这场悲剧本是可以避免的。"

最近，我带一组分析师去华盛顿的一家博物馆看画，我们在一幅 6 英尺长、15 英尺宽的画作面前驻足，这幅画由詹姆斯 · 罗森奎斯特所作，名叫《工业小屋》（*Industrial Cottage*）。画的中间，有一扇灰色镶边的玻璃，左边鲜红色的背景中，有两片培根挂在一根晾衣绳上，培根的旁边是一架蒸汽挖土机。右侧大面积的亮黄色背景中，4 个钻头显得格外突兀。这幅画很古怪，色彩丰富，也有很多东西进入视线，不过我带的这组人在分析生存的环境。

"你会如何描述这幅画？"我问。他们已经做过了第 5 章里提到的"1 号和 16 号"绘画和照片的练习，能够很顺利地找出所有的细节，无论是细微的还是明显的。

"在画中有 3 块画板。"有一位学员大声说。

他们站的位置离画只有几英寸，因为这幅画非常大，它被画在 5 块画板上拼凑成一幅图，画板间的缝隙没有上色，非常明显。所以，是有 5 块画板，而不是 3 块。

“好吧，不过这幅画看上去就像是画在 3 块画板上，”他修正了自己的话，“和 5 块没有什么区别。”

“没有什么区别”并不仅仅是口头上和模棱两可的修饰矛盾的用词。在这件事上，这样说就是不正确的。这里有一个区别，物理上的画板不等同于主题上的画板，3 也并不等于 5。

想想我们所有人传达信息的时候，3 和 5 的区别都是很大的。比如，在军队司令官和军官之间、医生和患者之间、制药公司和客户之间。客观描述的精确性，对于会计师、记者、教师、建筑师、工程师、研究人员、档案管理员、助理甚至是快递收发人员来说都非常重要。任何个人或企业都不愿承担这种由于数字描述错误而导致的时间和资源上的浪费。

2008 年，全球分析公司 IDC 为美国和英国的 400 家企业做了市场调查，经计算，由于沟通不畅导致的损失约为每年 370 亿美元。每个职员每年因为沟通不畅造成的生产力损失是 26 041 美元。IDC 坚持说，这些数字还是低估的，因为它们还没有把在品牌、信誉和顾客满意度中的错误沟通包含进去。所有的公司也都有相同的情况，即错误沟通会让员工或公众承受损失。99% 的公司透露，错误沟通危害到了他们的销售和顾客满意度。

当然，工作并不是唯一要求我们精准沟通的领域。在我们的学业、个人利益和人际关系中，也同样需要精准沟通。有时候，我们说的话会给别人造成误解，或者有时会被错误地传给其他人，还有些时候，情绪化让我们一开始就说错了话，或者只是不假思索、漫不经心地扔出一句欠考虑的话。现代通信技术加强了正确表达语言的重要性，因为即时的、持续的、全球性的联系都增大了错误沟通的可能性，这种错误看似简单，却会带来灾难性的后果。而且那些错误还不容易被抹掉，因为互联网的存储功能是无限的。2007年，美国全食（Whole Foods）的首席执行官约翰·麦基被人发现在雅虎网的留言板上注册了一个虚拟账号，用来称赞自己的公司和他本人。他仍然在试图忘掉那件事，却是徒劳。在2015年3月21日的广播中，美国国家公共广播电台（NPR）的节目《等等，等等……别告诉我》（*Wait Wait...Don't tell me*）的主持人彼得·萨哥仍然在挖苦麦基，他这样对听众朋友们说道："麦基有好多关于全食公司以及它是多么好的一个公司的发帖，其中有一条是这样说的：'我很喜欢麦基的发型，我觉得他看起来很可爱。'"

一条推特、微博那样的消息却有可能给人造成破坏性的影响。有人就因为发微博而被炒鱿鱼，这些人包括纽约大学法学院的研究员、CNN的高级编辑、白宫国家安全部门的主管，还有弗朗西斯卡控股公司（Francesca's Holdings）的首席参政官。消防队员、演员、教师、记者、通讯科技顾问、服务生，甚至是技工，都可能会因为发了一条推特或微博而遭到解雇。一条该死的在线发帖不仅仅伤害到了员工，也会给整个公司带来损失，让公司遭人嘲笑——不信你可以问问，或者用谷歌搜索澳洲航空、麦当劳、沃达丰、凯尼斯·柯尔或者克莱斯勒，它们都遭遇过这种事。

2015年3月，前美国职业棒球大联盟投手科特·席林发了一条推特，庆祝他十几岁的女儿被一个天主教大学的垒球队录取。大学生亚当·内格尔和刚从大学毕业的学生肖恩·麦克唐纳德在推特上回复了席林，《今日美国》（*USA Today*）为此打上了标签“性暴力和讥讽”。内格尔因为这件事被大学停课，并被移送警方，其行为及所受处罚将会在听证会上决定。麦克唐纳德被以前的好友公开指责，而且他很快就失去了纽约扬基队（该棒球队曾在美国职业棒球大联盟联赛的世界大赛中赢得27次冠军）的工作。全美国的报纸都在标题上正式宣布扬基队因为粗俗的推特解雇员工，然而报纸上没有说麦克唐纳德是一名新进的队员，而且还不是全职，才为这支队伍效力了18个小时。

即使互联网上这些议论并不是他们开的头，交流中的不当措辞还是可能会被记录下来，被大家读取、评判。因此，无论是哪种形式，有效的沟通都比过去任何时候重要得多，因为无论我们在公众场合写了什么或者说了什么，它们都会在网络的空间里被人再次翻出来、被取笑或者被表扬。

有效清楚的表达，能让我们在沟通继续进行下去之前就把错误的认知纠正过来。无论在职场里还是生活中，如果我们不把自己的观察或推论说出来，就永远不会知道身边的人会不会看到和我们不一样的东西。搭档其实并不知道我们在想什么。我们也许会错误地推断职务候选人，也许会误解一位潜在的赞助人。把认知表达出来，能给其他人机会来处理或纠正我们的信息。有效的沟通还有助于设定预期，如果我们不能清楚地表达出“我们想在对方那里得到什么”的话，就会让别人和自己都陷入很大的困惑和失败中。给人清晰的指示、要求和目标会帮助我们获得工作的进步、完善，以及成功。

为了训练我们这方面的技能，努力避免潜在的信息传播的灾难，我们要再一次在艺术世界里获得帮助——不过这次，我们要稍稍挖深一些，这样我们就会发现，艺术的创造过程为我们揭示了出色交流的奥秘。

沟通的艺术

20 世纪有两位最著名、凶悍的交流高手——温斯顿 · 丘吉尔和阿道夫 · 希特勒，他们都热衷于画画，我不认为这是个巧合。他们一生中画了几百张画，风景、花瓶里盛开着花朵的静物画，甚至偶尔还会画人物肖像（希特勒画过耶稣基督之母马利亚，丘吉尔画过自己的妻子克莱芒蒂娜）。这不是没有道理的，因为艺术家是天生的交流高手，他们最需要不惜一切代价地将他们的讯息传递给这个世界。或者就像乔治亚 · 欧姬芙所说的，艺术家的人生不是被成功利益驱使的，“解开未知的答案才更为重要”。

艺术家们知道自己之所以是艺术家，并不只是因为人们把他们看成那样，或是他们取得了什么资格或奖项。他们被称为艺术家是因为他们情不自禁地想去创造。麦克阿瑟天才奖的获得者、雕刻艺术家特瑞西塔 · 法娜德茨清楚地表达过：“做一名艺术家不光表现在你的工作室里。你的生活方式、你爱的人、你爱别人的方式、你投票的方式、你嘴里说出的话、你给自己的心灵多大的空间、你凭借信仰去影响其他事物的能力、你的困扰、你的失败，所有这一切，都会成为你创作艺术作品的鲜活素材。”

要提高交流技巧，我们都必须去做一件事，那就是要意识到，即使我们的职位名称或者部门名称中没有“交流”字样，我们也是一名全职的交流者。我们每个人都是交流者，因为我们都有交流的需要。在生活中的每样东西，包括我们看到的东西，如何有选择地看东西，都是交流的素材。当我们试图跟人交流的时候，要确保这素材被巧妙运用，聪明地制成杰作，准确无误。就像艺术家一样地准备、制作和展出一件好的画作。

无论完成一件作品（一幅画、一座雕塑，或者任何其他的艺术作品）看上去是多么简单、不费力气，它们都依赖于一种特定的近乎标准的工序。虽然这道工序在细节上会因人而异，但这些差异只是表面的，比如说，虽然雕刻家和摄影师用的工具不同，但是都必须学会最佳工作方式，就是很熟练地使用锤子或操作照相机。这些基本的工序最终都是一样的，即艺术家必须嫁接观念和媒介，或者说将表达内容和表达方式结合起来。同样的道理我们也会明白，无论我们交流的内容是什么，用什么方法在交流，我们都可以通过学习计划、练习和用心地实施，去创造出最好的信息。下面我们来讲第一步：谨慎地做计划。

做明智的选择

尽管完成了的作品，尤其是在现代的和先锋的作品中，看上去好像并不需要什么思虑，但是，即使是杰克逊·波洛克的抽象滴画[①]那样的作品也不是随意完成的。波洛克说过一句非常著名的话："我能控制画作颜料流下来的量，不会出现意外的错误。"

艺术家必须对材料的运用深思熟虑。波洛克需要决定，从视觉上看什么样的绘画才是最好的，要考虑平滑度、色彩、用量、可用性、耐久性，甚至是价格。同理，尽管这些似乎是自然而然进入脑海的过程，但是我们应该像画家看待自己的画作那样注意到我们的用词：它们作为沟通的工具，是需要仔细斟酌的，并且在说出来之前要经过大脑的筛选。对画家来说，对于某一种颜色的选择就是极其重要的事，那么同样地，我们在说话之前，要提前考虑用什么样的措辞，就像尽可能确保自己在绘制一幅准确的画一样。

想一想你经常用的一些词。它们是什么颜色的？在你传递的信息中，那些词是最好的吗？如果像天蓝色般明亮的说法更有效，你对员工说话时是否用了如暗红色般艰涩的措辞？在和你青春期的儿子谈话时，你是否用了如荧光绿色般明快响亮的语句，但其实用浅灰色般柔和的、较为安静的声调会更好？

当然，颜色原本就不分好坏，只取决于交谈的时间和场合。在生日派对上，黄色就非常好，但却不适合出现在葬礼上。我们在和朋友欢聚时的用词，如果用在会议室，可能效果并不好。要确定是否在正确的场合选择了正确的色调，只需要问自己一个问

① 靠泼墨让颜料滴下来的方式形成的画。——译者注

题，那就是我们用的是客观词语还是主观词语。在社交场合，我们可以用主观词语，尽管仍然需要谨慎，而当其他时候，我们都得使用客观词语。

就好像我们必须对观察和推理做到客观，以确保我们的调查是聚焦于事实之上一样，在职场或者公共场合，我们需要用客观的语言进行交流。在涉及对员工的评价、人力资源和教育的场合，甚至是在涉及孩子的事情上，我们必须使用客观语言。

我曾经的学员安妮·莎乐维是一名特殊教育的教师，兼任她所属学校的多学问评估团队成员，她回忆道，有一次，有位老师当面坚持要求委员会给一名一年级学生设计一个特制干预计划，当被要求描述一下这名学生需要什么样的帮助时，她是这样说的："他非常懒，一直在抱怨，而且从来不做作业。"当团队要她就所描述的这些异常行为举例时，这位老师却很难举出例子。她对这个孩子已经产生了偏见，却无法解释原因，她认为"他懒，总是抱怨"，就不需要讲再多理由了，但是这些只是她的主观意见。莎乐维评估了学生在课堂中的表现、举止、行动，客观地做了记录，由此委员会做出判断：这个孩子和老师之间存在性格冲突，但是他并不需要特制干预计划。

"通过参加你的课程，我比过去意识到的要多得多。"她事后告诉我说，"让我知道了语言的力量，还有，带有主观色彩地讲话是多么容易给人一种错误的印象。"

为了确保我们的沟通是客观的，最简单的方法是，始终选择客观的词语，就一定不会有错，有一些永远安全的客观词，表达包括数字、大小、声音、立场、方位、材料、地点和时间。不要说“太多了”，而是给出实际的数量。不要说“大”，而要在自己的描述中给出一个测量法、估测或者参照物。

很多时候，主观词语很容易就能被辨认出来：它掺杂了个人意见，而不是以事实为根据的。然而，也有一些带有主观信号的词有着微妙的作用，它们会让听的人失去兴趣，甚至更糟糕的是，一不小心就会让听众产生了对立情绪。我在这里列出了一些主观的词：

需要避免的主观词或短语	为什么	如何避免
显然地 清楚地	因为这个世界上很多东西不是显而易见的，清楚的东西就更少。（还记得《伦肖的母牛》吗？）	不要说“很清楚这是 x”或“这显然是 y”，试着用这样的表达：“好像根据 y 和 z 可以推导出 x”
从不 总是	“从不”和“总是”都是不够精确的词，而且从统计角度来说非常不可信，所以，常常用于夸大之词	不要说“从不”或“总是”，给出一个具体的限定数字，如果不能，那么，用“经常”或者“很少”会好一些
实际上	在更正别人的场合使用“实际上”这个表达，表示在还没有解释原因前，就已经在强调自己非常肯定别人说的是非常错误的。以一个可能是侮辱的方式开始交流是不会有好效果的	不要说“实际上”，试着用“我不认为”
……是不言而喻的	如果有什么重要的事情，那么就用肯定语气平叙出来	只要在你的词汇库里把“……是不言而喻的”这种表达清除就好

当我们在批判别人、纠正别人或是对交谈对象感到心烦意乱的时候，会特别容易陷入到主观表达里，然而这样的危害是让我们本来想帮助的人疏远我们。举例来说，想一想“坏”这个词。“坏”表示一种意见，可以有很多种理解，而且带有消极的暗示。用“坏”这个词来描述你在打电话时孩子的表现，是不够客观的，而且对于这件事中的任何人都没有什么帮助，因为孩子自己不能改掉（而且，让他们觉得自己表现得很糟糕，或许还会让他们表现得更加糟糕）。我们不要用“坏”这个词，而是要用客观的事实来交流。“刚才我在打电话的时候，你在大喊大叫。”大喊大叫是个具体的动作，是可以改正的行为，客观地表述有人在大喊大叫并不是在传达你个人的评价，也就没有了争论的余地：孩子是不是大喊大叫了。在职场上也是一样的，不要说某位员工的季度销售成绩“很糟糕”，而是要说出无可争辩的事实：“你的销售定额减少了30%。”

另一个帮助抑制主观表达的方法是，使用表示建议性、正面性的回答代替无建设性、否定性的回答。不要说“这样做没用”，而是说：“你试试看……会怎么样？”更好的说法可以把自己的位置放入到团队中，说：“我们为什么不试试看……？”

就像画家选择调色板一样，我们要选择效果最好的词，不过还需要更进一步。画家不会到画材商店去买“蓝色颜料”。真正的画家会做到更具体。画画的颜料可以是水彩、油或者丙烯酸，可以是罐装的、管状的或是从喷雾器里喷出的。颜料有薄有厚，有含毒性的还有可食用的，有快干型的，也有干得比较慢的。蓝色，可以是靛蓝、钴蓝或者群青。

为了防止用词出现模糊混乱，我们还必须加上一些具体的词。不要只说“汽车”，要说得更具体，“运动型多用途车”（SUV）；不要说“狗”，试着说“德国牧羊犬”。同理，我们在不确定的时候，不能把带着孩子的女人认定为孩子的母亲，而是只能客观地说“带着孩子的妇女”。说“在这一侧”并不具体，尤其是对没有和你站在同样位置、没有和你看到同样景物的人，与其这样说，不如给出一个具体位置“在最左边”。也不要说“东西”“玩意”或者“彩色的”那样的词，我们向别人说明的时候，应该力求精准。

艺术家克里斯琴·阿尔德雷特就因为在交流中缺乏具体性，付出了惨痛的代价。当阿尔德雷特被加利福尼亚帕萨迪纳市选中，去参加刚刚启动的社区改造试点的壁画活动时，他很激动。他有政府的赞助支持，用了两个多月的时间在一家店门口[①]的墙壁上创造出了一幅色彩丰富的、玛雅和阿芝特克主题的、60 英尺长的杰作，同时，这件事也有 30 名当地的孩子共同参与。艺术文化协会的主席戴尔·奥利弗称赞这幅壁画令人惊叹。

但是，这幅壁画完成几个月后，有人把这幅画完全抹掉了，包括孩子的签名以及画中所有的一切。

原来，这家商店的店主收到了一封来自帕萨迪纳市规划和社

---

① 查了这个事件更详细的信息，得知是在一家店门口，这家店在文章后面也有提到，但是如果这里不把“一家店”加进去，后面读者会读得有点糊涂。——译者注

区发展合规项目的来信，警告她清除无关的标记，在一面有破损的墙上重新画一幅，不然的话，他们的门面就会被关闭。但是没有特指是哪面墙，于是导致了这样的悲剧发生。

城市合规的主管乔恩·波德拉承认，这是“有点沟通不畅”。

阿尔德雷特对此颇有微词。“这像是脸上被踢了一脚。”他说，“这是有生命的东西，我本来希望它能成为这座城市的地标。”

商人乔·伦蒂尼在新泽西州大西洋城波哥大赌场酒店的鲍比·佛雷牛排餐厅用餐时，也因为没有注重具体性而得到了昂贵的教训。当他为同桌的10个人点饮料时，他说自己不太懂葡萄酒，让服务员给他选一瓶。

“她指了指酒水单上的一瓶酒，我没戴眼镜，我问她多少钱，她说，‘37，50’。”伦蒂尼回忆道。

鲍比·佛雷牛排餐厅有一本24页的葡萄酒菜单，上面有超过500种葡萄酒可供客人选择。大多数葡萄酒不到100美元一瓶，还有一个“50种低于50美元的葡萄酒”的选集被放在第一页的突出位置上，所以当伦蒂尼拿到账单，看到价钱不是他以为的37.50美元，而是3 750美元时，他吓了一跳。他马上把那位服务员叫来，并且对她解释说他绝对不会点那么贵的葡萄酒。服务员于是叫来了经理。

“我是说这位服务员告诉我，这瓶葡萄酒价值‘37，50’，而不是3 750美元。”伦蒂尼说道。

虽然服务员不承认，其他用餐的客人也确认听到了他们点单时的对话。坐在伦蒂尼左边的老顾客唐·陈回忆了点这瓶酒时的情形，“乔希望服务员推荐一下葡萄酒，于是服务员用手指了指一种酒。”他说，“乔问葡萄酒的价格，服务员说‘37，50’，没说‘3 750’，如果是我，我会说 3 750 美元，所以我们都以为这瓶红酒的价格是 37.50 美元。所以（看到账单的时候），我们都要吓出心脏病了。”

经理没有去掉账单里的这项消费，他给了伦蒂尼折扣价，然而这瓶啸鹰庄园葡萄酒的折扣价也高达 2 200 美元，伦蒂尼很不情愿地付了账，然后把这件事写下来发表出去。

当这个故事引发全国范围的讨论时，波哥大的执行副总裁约瑟夫·卢珀这样回应：“波哥大确信在点餐过程中没有什么错误沟通。我们只是不允许这样带有不信任和质疑的言论和故事威胁到我们，蔑视我们的正直和品质，那是我们每天都在骄傲地履行着的事情。”

餐厅解释说，他们在递账单之前就提醒了同桌用餐的另一个人这笔金额，那位客人也确认了这话属实，然而他断言，他只是在酒瓶被打开并且大家开始饮用之后才发现这个问题。

仅仅是因为波哥大的管理人员宣称“没有错误沟通”，并不能说明沟通错误真的不存在。事实上，餐厅和顾客双方对于为什么会发生这样的情况无法达成一致，就恰恰说明了交流中有误解。所以，让我们来看看其中的错误沟通是怎么回事。

根据几个人的证实，服务员说这瓶葡萄酒的价格时用了模糊而简略的说法：“37，50。”因为没有特指哪部分是美元，哪部分是美分，这就给人误解的空间。如果把金额说成“三千七百五十美元”，这本可以消除一切误解的可能性。

餐厅的葡萄酒菜单也写得不够明确，会让餐厅遇到潜在的问题。这几百种葡萄酒的价格标注上没有美元的符号，没有小数点，也没有逗号。“900”表示的是 900 美元还是 9 美元？特别是考虑到这家牛排餐厅的位置邻近受外国游客欢迎的旅游景点，价格标注不明确更容易造成误解。

事发当时，经理被叫来解决这个情况，那时这件事还没有被公众知道，经理其实是比其他人更了解餐厅葡萄酒单里的信息的：葡萄酒菜单中，列出了超过 500 种正规规格的葡萄酒，只有 17 种标价 1000 美元以上，而且只有一种酒的价格超过 3 750 美元。所以他知道，这个服务员在多达五百多种葡萄酒中，向这位对葡萄酒一窍不通的客人推荐了餐厅里第二贵的酒。

伦蒂尼和鲍比·佛雷牛排餐厅都因为错误的沟通而付出了惨痛的代价（因为 2 200 美元，换来了负面的宣传，值得吗？），记者卡琳·普赖斯·米勒对这一事件的一篇报道里，让大家看到了对某件事有非常好的表述应该是什么样的。她发表在 NJ.com（新泽西网站）的文章中，只报导了事件、地点、时间和人物。她采访与该事件直接相关的人们，没有指明任何不想被说出名字的人，包括那位服务员。她甚至对读者们重点指出了他们有可能产生什么样的误解。“我们没有坐在那张桌子上，所以我们也不清楚当时到底发生了什么样的对话。我们也不知道那位服务员到底说了什么，没说什么。我们只知道伦蒂尼回忆中的东西，以及餐厅人员转述的，在场的员工被询问时说的话。”

把话说得明确，不仅能够使我们不在沟通中出错，还能让我们获得更大的成功。纽约警察局重大盗窃特遣部队的指挥官汤姆·霍尔特中尉学习了我的课以后，改变了他和他的 24 位便衣警察交流的方式。他告诉我说："我现在不会对我的队员说，'有个穿黑衣服的家伙一直盯着停靠的车辆，并且逐辆地朝里看'。而是会说，'他带着一顶黑色的羊毛帽子，穿着黑色的皮衣，皮衣上还有黑色的毛皮装饰，还穿着黑色帽衫，脚上穿着添柏岚的鞋子'。"当他运用了新的交流方式后，这些更明确的表达帮助部门人员了解更多在时代广场周围的商场里偷偷作案的小偷、扒手和偷钱包的人。

然而在力求明确性的同时，也要记得小心提防假设的危害。在某节课上，我让学生描述一幅绘画给大家，有一位学生说，这幅画的主人公"站在一座欧洲建筑旁边"。听上去很明确，对吗？但是我问他："你怎么知道主人公在欧洲呢？"他其实并不知道。那可能是一座博物馆或者是迪士尼世界的某个馆。不要去对你所不知道的某个地点做假设，要去描述你真切看到的柱子和小堡垒。

想想你的听众

虽然许多艺术家和作家都希望自己的作品被所有人看到，但是这个梦想是不现实的。只不过有些人的作品会比另一些人的更受欢迎，但是再受欢迎也不会覆盖到"每个人"。如果客户请艺术家为自己的家人量身绘制一幅肖像画，那么看得到这幅画的观众与参加科切拉音乐节[①]的那些观众相比，很可能是非常不同的，并且他们的思维模式也是不一样的。

对于成熟老练的经纪人、出版商和收藏家来说，艺术家本人只有清楚客户有什么样的特点，他们想看到的作品是什么，才能具有竞争力。文稿代理人苏珊·金斯伯格注意到，在作家咨询的信件中，她看到过最常见的错误，尤其是处女作的作家，就是承诺这本书会吸引“每个人”。

“出版社需要他们给一本书定位，让它能在某一个特定的市场卖得好。”她说，“如果连作者自己都不知道他的读者是什么样的，出版社也就无能为力了。”

就好像雕塑家要筹划一个作品，要基于该作品会被放在哪里，如何被展示出来——被放在室外的公共空间展览的作品和放在美术馆里展览的作品所需的材料有所不同。我们也要想一想我们的听众，精心组织我们的措辞。每个人看事物的方式都不一样，而且每个人听到的东西也会有所不同，尤其是当我们和对方交流时不注意调整措辞的话。

有一位医学院的学生乔希·布赖特，在课后跑来跟我分享他与患者的互动经历，告诉我精心安排沟通有多么关键。

“我从来不认为自己是一位翻译，但是我们在做有效沟通的时候，其实每个人本质上都像翻译一样：我们在相互翻译彼此的信息。当我见到患者时，他们主观地向我描述他们的不适和担忧，

① 指每年在美国加利福尼亚州印第奥市举行的为期 3 天的音乐和艺术的节日。——编者注

那些语句讲的是他们自身的感受。于是我就把他们的话转化成好理解的客观症状，”他说，“然而，如果我对他们说话的时候，只是站在我自己的角度，他们可能就会不理解。事实上，医学术语一般都会让人感到困惑和害怕，所以我需要把自己的诊断信息转化成更具亲和力的语句。”

同样的道理适用于所有的交流当中。为了确保交流是为我们所要联系的人量身定做的，我们必须了解这些人是什么样的人。2001年，当萨拉·布雷克里第一次给她的新公司Spanx制造紧身短裤时，她给美国的尼曼百货商店（Neiman Marcus）的消费者打销售电话，获得成功。几个月后，她又飞到伦敦，对哈洛德（Harrods）、夏菲尼高（Harvey Nichols）、塞尔福里奇（Selfridges）这几家百货商店的消费者做了同样的事情。因为在当时，这是唯一一种给了消费者一个新奇概念的产品——紧身裤但不是连裤袜，所以她花了很多心思向人们介绍Spanx公司以及该公司能满足人们哪些需求。

布雷克里在伦敦接受了英国广播公司（BBC）的采访。因为时差问题，加上因为这个采访会被100万名听众收听，她感到紧张，稍微有些昏昏沉沉，又希望自己能用无比灿烂的微笑来克服所有的焦虑。

那位采访她的男主持人，和那些她试图去解释自己产品的消费对象一样，起初对她所描述的很古怪的塑身内裤感到非常不解，于是他直奔主题：“那么，萨拉，来告诉我们Spanx公司能给英国的女性带来什么？”

布雷克里面带自信的微笑，回答说："啊，这些都和臀部（fanny）有关。让你们的臀部看起来光滑，还能提臀，让它看起来更挺拔。"

臀部（fanny）不是她经常使用的词语，但是她考虑到这个词听起来不那么敏感，而且很英式，能够让所有因循守旧的听众听起来不那么刺耳。但是，当她注意到主持人脸上的表情时，她预感到自己似乎用错了词语。

"我想，你说的是'屁股'（bum）。"主持人打断她。

"是的，当然，我说的是屁股。"她让步说。她意识到，在英国，bum 是说"屁股"的时候的礼貌用词。

节目结束后，布雷克里发现虽然在美国，有些老年妇女会用 fanny 这个词来隐晦地指代屁股（bum），然而在英国，fanny 却是"阴道"的粗俗说法。当她只是想描述自己的产品能如何巧妙地改变妇女们臀部上露出的脂肪，却不巧在广播电台里宣称自己的产品能使妇女的"阴道"看起来光滑，把它提上去，使它看起来更挺拔……而且还用了一个在听众看来极为粗俗的词。

考虑一下你的听众——他们是把顾客称作"客人""老主顾""会员"还是"用户"。有没有什么词在他们的语言禁区中——比如 fanny 这个词？然后，根据这些情况来调整自己的语句。

科罗拉多州调查局想让目前住在该地区的服刑人员协助调查一起悬案，在沟通中，他们把这些悬案的信息用不同寻常的方式发给服刑人员：通过把信息印在乡镇监狱里的扑克牌背后，免费发给监狱中服刑的犯人，信息是用一种更容易理解、更易读且近在手边的方式传达，他们希望犯人能够更容易接收这些信息。加州调查局的悬案分析人员奥德丽·西姆金斯称这个策略十分奏效："我们接到了 48 通电话，并且对那些案子开放处理。"现在，这个方法在全国 17 个州应用，多亏了这些印制了悬案信息的扑克牌，警方通过这些信息侦破了 40 起悬案，并获得了几百条线索。

就像我们在做观察练习时要尽可能多地收集信息一样，我们在讲话之前也应该考虑到潜在的听众，站在他们的角度，确保交流中包含了对他们来说所有相关的信息，同时也要把我们的话转化成他们容易理解和接受的语句。

具体的操练

一旦艺术家选好了材料，也考虑到观众以后，他就要进入下一步：操练。它是计划和执行两个阶段之间的环节，起着承前启后的作用：为最后的作品做计划，而计划本身也是制作过程的前期工作。

在不同的创造性工作中，操练的形式有不同的名称：草图、粗糙的草稿、模型、彩排。它们在现实中都有具体可感的共通之处。艺术的操练不仅仅是考虑某件事，而且还要做这件事。作家达尼·夏皮罗这样写道："想一想站在扶手杠旁的芭蕾舞演员，她做着弯曲、上升、延伸动作。她在操练，因为她知道，操练和艺术没区别，操练就是艺术。"

同理，如果我们想要掌握好的交流技巧，也需要操练。操练不仅能够帮助我们在没有做好充分准备的情况下应对自如，而且还有助于我们更舒服地传递想要表达的讯息。

没有人天生就是演说家，我们之中有些人天生性格安静，有些人一想到要开口说话就会害怕，比起和人交谈，很多人更愿意坐在电脑前或是待在实验室里，这样感到更自在。但是，幸运的是，我们也可以通过操练，来让不擅长说话的我们在公开场合演讲，克服讲话带来的紧张感。媒体培训人比尔·康纳有好消息要告诉那些害怕在公开场合讲话的人——操练是能够战胜个性的。“我看到极度自信的人们大摇大摆走上讲台虚张声势，但是他们缺少准备，最后只能彻底失败。”他说，“他们想要临场发挥，最后发现只有半分钟的时间，说不出什么内容了。我也见过一些害羞的人花时间做准备和练习，然后用一些感人的、搞笑的、有冲击力的信息来影响观众，并推进他们的议题。”

作者苏珊·凯恩在她的著书《安静》(*Quiet*)中，就公共演讲给出的首要建议就是：“大声练习，直到你感到自在为止。”这对性格内向的人尤其适用。要让自己做到这一点，你只需要开口说话。

这听上去很基础，从很多方面来讲确实如此。我们教孩子要“用他们的话来表达”，但是我们自己却没有这样做，而是依赖电子设备、图片和模糊的手势来替代语言表达。但是我们必须把自己的所见用语言表达出来。

几年前，我儿子的幼儿园老师告诉我，我儿子欠缺语言表达能力。她警告了我，语言发育和读写能力之间的密切关系是在许多文献中已被证实的，她承认，那些表达能力不强的孩子，不仅仅在幼儿园入园资格审查中很难被测出，就连许多类似于语言障碍或者自闭症等深层的检查中也同样难以测出。她建议我和孩子一起做我的洞察艺术练习，大声说出来，于是我照做了。我们一到每个地方，便不再只是像平常那样和他讲话，而是鼓励他把看到的事物细节描述出来。我们开始谈论所有看到的事物，谈论事物呈现的原因，从那以后，他竟然开始滔滔不绝！现在，我们的角色发生了巨大的改变，当我们一起走在纽约的街头，我儿子会先说："你刚才有没有看到谁走过了我们的身边？"或者"我想你一定没有注意到马路对面刚刚发生了什么事。"他在我出题的练习中赶超了我，他常常问："你能不能解释得再清楚一些？"

操练大声说话的技巧，让我们来看看下面这幅画，你看到了什么？写下 3~4 个句子，提炼出最重要的信息。

勒内·马格里特，《梦想的钥匙》，1927

这幅画的作者是勒内·马格里特，他常常在画中写上一些单词（我们已经观看过他的其他两幅画作，第 2 章盘子上的带有一只眼睛的火腿，和第 7 章从壁炉里出来的火车）。马格里特曾说他想要让那些日常的物体凸显出来，这是让交流变得更为顺畅的一个适宜的目标。

这幅画叫作《梦想的钥匙》（*The Key to Dreams*），是马格里特探索表达性质的系列的一部分。在这幅画的 4 张图里，其中 3 张里面的说明文字是有误的，只有右下角的那张拼写正确。包被标记为“天空”，刀被标记为“鸟”，树叶被标记为“桌子”，还特地用一种好像词汇入门书或者闪视卡片的形式表现出来，让我们停顿。我们不得不后退一步，去重新审视看到的东西。

现在我要让你开口说话了。拿着你写下来的句子，去找一个人，大声地读给他听。不要给那个人看图（你知道，我们经常会这么做），去对看不到图的人用语言传达你所看到的东西，这样用语言去表达自己的所见是又简单又有价值的练习。

为了测试你对客观事实的描述水平，让听众根据你的描述画一幅图。如果你所描述的内容没有包含足够多的信息来让对方复制出那幅画，那么，退回，再写一份描述，让信息传达得更为准确。

修枝剪叶的重要性：为什么说太多话不如沉默

在上一节的末尾，小小的一个词——退回，也代表了第三个环节（或许是创造艺术和对话中最重要的一环）：修枝剪叶。

艺术，不仅仅只是把颜料涂抹在画布上那么简单，很多时候，它几乎等同于做减法。特瑞西塔·法纳德茨给艺术毕业班的学生们的建议中（此建议被麻省理工大学研究员称作“一个得体的人在生活的方方面面的一种高贵的精神指针”），包含这样一条：“经常净化自己。摧毁和创造密不可分。”

出生于阿姆斯特丹的画家詹·弗兰克也认同这个观点，他以复杂难懂的墨水画和大型现代胶合板绘画闻名。他每幅画的目标都是“在作品表面涂得越少越好……”他说：“它变得越复杂，我就越讨厌它。”如何知道一幅作品画完了呢？他的答案是：“当我感到多画一笔就是画蛇添足的时候。”

拉尔夫·史坦纳，《美国田园巴洛克》，1930

修枝剪叶包括，了解达到多少时是超量了，以及什么时候要恰当地留白。写这一章节时，我一直在想1930年拍摄的一张空椅子的照片。这幅作品是拉尔夫·史坦纳的《美国田园巴洛克》（*American Rural Baroque*），拍摄的是一张空的藤制摇椅，影子映在门廊上。这张照片简单却引人注目：摇椅上的华丽图案和墙壁、地面、遮门以及柱子的直线形成强烈对比。这把没人坐的摇椅并没有被期待表现些什么，但其实它已经很有说服力。照片雄辩地讲述了一个关于“空白”的故事，讲述了往昔的浪漫故事。如果在这张图里，把一个人拍摄进去，就会在象征意义和字面意义两方面毁了它，因为椅背上华丽的设计就会被坐上去的人给遮住。

同样地，当我们交流的时候，也需要确保自己没有让想说的话变得复杂，不要说太多，不要用太多的词，不要讲没必要的信息。前销售主管杰斯·麦卡恩著有《这话是我说的吗？》（*Was It Something I Said?*）一书，她认为，我们之所以常常在私底下或职场上的交流过程中过分沟通，归根结底是因为我们不舒服；既因为说话本身变得不舒服——由于性格原因或者因为我们正处在紧张的环境下；又因为那些我们有意告知的信息而不舒服。在比较随意的场合，和朋友在一起时可能没什么交流困难，但是如果让我们去发表一个糟糕的季度盈利报告，或回答孩子有关性知识的问题，我们就会立刻呈现出一种被麦卡恩称作是“语言喷出”的现象。为了要克服这个普遍问题，她推荐大家用KISS原则，KISS是一个首字母缩略词，全称为“Keep it short and simple”，也就是保持短小又简单，美国海军在1960年用这个原则提醒他们的设计者，在很多场合，少就是多。它对我们也同样适用，无论是写工作邮件还是拒绝某人的约会邀请。

律师助理卡拉 · W 对她和丹的初次约会非常焦虑，她觉得自己在爱情中是个不走运的人，而且特别害怕她会在一段关系开始之前就把它给毁掉。她应该怎样谈论自己过去的恋情？怎样避免因紧张而一个劲儿地说话？怎样让他知道自己不想把关系进展得太快？麦卡恩告诉她，不论什么场合，都用同样的方法：用 KISS 原则来准备这次约会。

“大多数陷入自言自语中的人，都是因为没有给自己一点时间坐下来想一想，提前准备一下。”麦卡恩对我说，“我们感受到这种渴望表达的天生需求，但在大多数情况下，并不需要说得那么详细，如果说多了，只能让对方感到困扰。”

麦卡恩建议卡拉列出最困扰她的问题，以帮助她对答案修枝剪叶，直到短小而简单，然后让她练习回答这些问题。麦卡恩指导卡拉，不必告诉丹她在前一段关系中太快发生了肉体关系，并且现在很后悔，而只要简单地说：“我的确很喜欢你，我希望再多了解你一点点。你觉得可以吗？”在回答“你是否只和我一人约会”时，不要说一大段话，告诉对方和谁在约会、约会了多长时间、多么害怕自己一个人孤零零地死去、是怎样和半支高校足球队的人约会的。而只要回答——也不是。那天，当她和丹约会的夜晚正式来临时，卡拉并没有像往常那样紧张，因为她已经做好了准备，练习了自己打算说的话。有了经过修枝剪叶的回答作武装，那个夜晚她过得非常愉快，而且能够真正专心地和这位新朋友建立联系。

优秀的交流者一定是简明扼要的，他们让自己的每一个词都有价值。为了锻炼提炼语言使之简要的技能，我们来看看下面这张照片，然后用一句话来概括。只写你所观察到的，不要添加假设和推断。

你的句子里有没有包含“妇女”“儿童”“教堂”“座位”“坐”“手”“脸”？很好，因为这些是最重要的。但愿你没有写“母亲”或者“她的孩子”，因为这可能是个假设，并不是真实情况。那么，“12”呢？我们能看到12个人？太棒了。你甚至可以在这幅画中用这样的句子将看到的人们区别开来：我们能看到12个人，10个人是站着的，另外两个坐着，一位妇女，一名儿童。

你可能还注意到了其他的细节，但要是用一个简单的句子来归纳的话，那些细节不够重要，包括：圆形的灯、靴子、条纹衬衫、牛仔裤，盘腿而坐。归纳的时候要记得做优先排序。

你有没有在你写的句子中用“非洲裔美国人”这个词？大多数人用了这个词，但这是主观推断，并非客观观察，你只是假设那些人在美国，而且有非洲血统。但是你能辨别这张照片是在哪里拍的吗？有没有暗示地点的任何线索呢，比如国旗或者任何其他的字样？没有。所以我们不能假设。这些人也许在海地，或者，他们在美国，但却是牙买加血统。很多人担心用“黑人”这个词会被认为是种族主义者，而说他们是“非洲裔美国人”可能在政治立场上更正确，我能理解这种考虑，但是在政治立场正确和过分礼貌，也会让我们偏离准确性。除非我们知道这是事实，不然，“非洲裔美国人”就是一个假设。而且，如果这些人是海地公民，那么你所描述的就是错误的。不要在政治立场上过于担心，而是要考虑是否正确。“黑人”是一个描述性的词，“黑”是我们所观察到的，这完全可以被接受，而且说这张照片里的人是“黑人”是更加客观的观察结果。

你有没有用以下这些词来描述这位妇女：“不安”“正在哭泣”“伤心的”“焦虑的”“苦恼的”？那个小女孩看起来是在安慰这位妇女，她用手温柔地触碰妇女的脸颊，她的脸上是平静的，也可能有所担忧。但是注意这个小女孩只是个孩子，她或许并不懂得她所看到的这一切。这位妇女自己的手也放在脸上，她的脸上有扭曲的表情，但是你能辨别这是哪种表情吗？她是不安、伤心还是焦虑？她在哭吗？她可能是在哭，但是我们看不到脸上有眼泪。

我们很容易就注意到女人坐在地上，她的面部表情很扭曲，容易让人猜想她是因为苦恼而崩溃，但这只是假设。它或许是真的，而我们需要事实来支持该假设。让我们来看看这张照片其他的部分。这个女人周围的人在做什么？他们苦恼吗？我们只能看到 4 个人的脸，但是没有一张脸看起来有不安的表情，两个人面无表情，还有两个人在微笑，有一个人的双手举向上空，打开着，靠近脸部，可能她在拍手？

在女人和孩子旁边的人们的肢体语言也很有说服力。他们都看着前方，目光略过了这位女人，没有人朝她看或者蹲下来帮助她。如果有人在苦恼，难道她周围的人不该有反应吗？在背景中靠中间的那位男子呢？他手里拿着什么东西？有人告诉我这是“枪”，但是不对。看得再仔细些，那不是枪，而且照片上的座位表示，这看起来很像是个教堂，而在教堂里有武器出现的可能性很小。事实上，这名男子拿着的是个麦克风，可能连着摄像头。

那么在这张照片中发生了什么？人们在教堂里，那么他们是在参加一项服务，还是只是集会？这座教堂在哪里？人们为什么聚集在那里？他们在看谁（或者什么）？这是发生在什么时候的事？

这些是我们不知道的重要信息，如果能找到答案，那就会对我们有巨大的帮助。因为这是一张照片，我们联系到了这位摄影师大卫·戈德曼，从而得到一些问题的答案。让我们来看看，是否能根据这些原本不知道的信息拼凑出这个故事来。

照片上的人物是谁？坐在地上的妇女是拉特瑞斯·巴恩斯。身旁的儿童是她 5 岁的女儿贾丝明·雷德。所以，我们就此确定了她们的关系。我们已经知道了照片中发生的事情了吗？没有，不过现在我们有了一个积极的鉴定，就可能联系到她。

这是哪里？纽约哈莱姆区的第一科林斯浸信会教堂。所以，地点是在美国，但我们仍然不能假设在照片中的任何人是非洲裔美国人。

这是什么时候？2008 年 11 月 4 日，星期二。这是什么特别的日子吗？是的。《纽约时报》这样写道："2008 年 11 月 4 日，巴拉克·奥巴马当选第 44 届美国总统，击败了共和党候选人约翰·麦凯恩。奥巴马先生是一位来自伊利诺伊州的美国参议员，他父亲是肯尼亚人，母亲是来自美国堪萨斯州的白人，他成为了第一位黑人总统。"请注意，《纽约时报》没有称奥巴马是第一位"非洲裔美国总统"，而是说他是第一位"黑人总统"。

拉特瑞斯·巴恩斯坐在教堂的地板上，因为在这个宣布选举结果的历史性时刻，她太高兴了。或许是喜极而泣，但那也是欢乐和希望的泪水，而不是绝望或痛苦的泪水。

我们并不需要试图知道更多看不到的东西，但需要正确地观察。我们的报告不应该包含假设的或错误的信息，因为那会误导其他人。

现在再来看看另外一张照片，不过这次，我要你只用 5 个词来描述它。也许你认为仅仅用 5 个词并不能很好地概括它，不过，这张图出现在《纽约时报》上的时候，它的说明文字恰恰就只有 5 个词。所以如果作者可以做到，你也可以！

你有没有用到以下这些词："青少年、年轻人""坐着""弯身""微笑""人字拖""5 个"？这些都很好！我听到有人说"夏天"，因为青少年的着装，但是这也可能是春秋季节中出奇温暖的一天，所以"温暖"可能更加准确。我希望你没有在句子中包含以下的任何假设："纽约市""调情"或者"家庭"。人们给我的答案有这样一些："在夹趾拖鞋弯身派对上的青少年（teenager at stoop flip-flop party）""青少年外出享受温暖的天气（teenagers out enjoying warm weather）"，还有一个诙谐的描述"四个青少年和一个电灯泡"。

实际上，这幅图的说明文字让我非常吃惊。

说明文字是这样写的："青少年的夏天，禁食版（Teenage Summer, The Fasting Version）。"什么？读配图故事在很多方面开导了我。这张照片中有 5 位青少年，他们在观察斋月，在该月份的一整个月里，穆斯林的信徒恪守戒斋，从晨礼到日落期间禁止饮食[①]。这篇文章解释很多年轻人为了保存精力，在斋月的时候穿人字拖，所以不会去参加什么体育运动。这个说明文字写得非常漂亮，它正确、客观，而且吸引读者眼球。它让我想去读一读这篇文章，看看到底发生了什么事（这正是报纸中的说明文字的用途所在），然后我就改变了自己的假设，都是因为这 5 个短小的单词。

别让画坏的颜料干

即使有了准备和修枝剪叶，艺术家也并不总是对自己的作品感到满意。然而，当他们发现画的有些东西无论什么原因没有达到效果——比如帽子太大；手有些歪斜；发现一幅将要挂在餐厅墙上的画中，在海水里加一条搁浅的鲸鱼让人觉得索然无味——他们不会只是耸耸肩，置之不理，而是会修正，并且重画。在艺术世界里，这个过程很频繁地发生，它甚至有一个奇妙的名字：pentimento，这是个意大利语单词，意为“悔改”。不管画错的地方是画过头了还是被不小心擦掉了，都要在它们定型之前及时做出补救，并且越快越好。

约翰·辛格·萨金特想方设法要在法国成名，于是他说服社交

① 从日落到次日晨礼期间可以正常作息饮食，晨礼时分再度进入戒斋状态。——译者注

圈里一位一心想成名的美国女子薇尔吉妮·艾美丽·阿薇尔昂·戈特雷奥为他当模特。他被她白皙如雪的肌肤和美貌迷住，他称那是“难以描绘的美”，如同他所迷恋的巴黎的一切。这幅 7 英尺高的肖像画于 1884 年在巴黎沙龙里首次露面，立刻就传出流言蜚语，因为戈特雷奥连衣裙的吊带松了，从她的右肩上垂下来，似乎有一种对于已婚女人来说很不合时宜的淫荡暗示。戈特雷奥的母亲在第一天的展览结束前就要求把这幅画搬走，她哭泣道：“我的女儿被毁了，整个巴黎都会嘲笑她的。”

萨金特担心那一家人会毁了这幅画，他把画搬进自己的画室，做了修改，让吊带安全地挂在戈特雷奥的肩上，就像今天大家看到的这幅画一样。但是为时已晚。他在法国的职业生涯就此完结了。萨金特本来希望他那热情的模特能受到欢迎和支持，并且能给他一笔意想不到的高额报酬。但是他错了，戈特雷奥一家，还有巴黎的所有人，都不再理会他。他逃到伦敦，告诉朋友他想放弃自己的绘画事业。萨金特把这幅肖像画放在自己的私人画室里，一直保存到 1916 年，也就是戈特雷奥逝世一年后，他把画卖给了大都会艺术博物馆，并将这幅画重新命名，而且将和画中模特有关的参考资料全都抹去。于是 30 年后，这幅经过修改的肖像画《X 夫人》(*Madame X*) 最终获得了来自评论界和公众的好评。

约翰·辛格·萨金特绘画照片复制品剪贴簿中的黑白印刷品（左）
约翰·辛格·萨金特，《X 夫人（皮埃尔·高特罗夫人）》，1883~1884（右）

同样，我们必须在意识到自己交流中的错误后尽快地进行修正。如果不这么做，那么从长远来看，后果会很糟糕。

2006 年，在西弗吉尼亚州萨戈市一次地下爆炸后，对陷入困境的矿工进行了长达 30 个小时的搜寻后，国际煤炭集团（International Coal Group）终于有了消息，并告诉在当地一所浸信会教堂旁边聚集守候的矿工亲属们：12 名矿工苏醒过来，只有一人不幸去世。

牧师杰里·默雷尔回忆道："我们被告知他们会到教堂里来和他们的亲人见面，国际煤炭集团甚至告诉他们，会从哪扇门进来，要如何做准备，即家属成员应该先排队，人们在唱歌，孩子在侧廊跳舞，营造的热闹场面简直难以置信。"

当这个被称为"奇迹"的事件让教堂的钟声在午夜响起时，公司管理层得知了一个毁灭性的真相：事实正好相反，只有 1 人幸存，其余的 12 个人不幸遇难。难以置信的是，他们等了两个半小时，去改正这个错误的沟通。当家属们在没有得到任何道歉的情况下得知了真相时，一位矿工的儿子说，庆祝瞬间变成了喧嚣。有人晕倒了，另外一些人冲向了官员，有人威胁说要回家去拿枪，而没有及时纠正这个错误让情况变得更糟。有一位家属的朋友告诉美国有线新闻网（CNN）："我们等啊等，他们的爱人和家人站在外面门廊上用毯子裹着身子，等待着他们的父亲、兄弟过来和他们拥抱。"

"我们在此过程中是小心谨慎的，所以我们才考虑让欢腾的气氛比应有的时间更长一些。"国际煤炭集团首席执行官贝内特·K·哈特菲尔德这样说道。

对敏感信息的草率处理导致媒体对采矿公司的报道更具有责难的态度，给它贴上了"危机中的危机"的标签。国际煤炭集团的股票也由事故前的每股 11 美元，跌到了 2009 年的 1 美元多一点，再也没有恢复。这家公司终究无法生存，于 2011 年被阿齐煤炭（Arch Coal）收购。

公关经理斯科特·巴拉戴尔说这件事本不该这样。"哈特菲尔德应该在明确得知虚假的希望正在蔓延时，就马上去见他们的亲属，并告诉他们'我们找到了这些矿工，但是并不知道他们中有多少人幸存。在检查他们的生命特征。等我们知道了更多情况，保证会在第一时间让你们知道消息，请大家耐心等待'。"

当我们承认错误，并且一旦发现就马上改正的话，人们会对我们更加宽容和有耐心。不要让错误的一笔干掉，也不要让尘灰留在我们的错误沟通里。要以最快的速度去改正。

确保对方收到了信息

一旦作品完成，艺术家就要做出最后一个决定：如何呈现才更容易被接受？是挂在和人们的目光齐平的高度？还是把它放在地上？要不要用画框把它裱起来？画框会给这幅画增色，还是会减少作品本身的魅力？

乔治·修拉以他的点描法绘画而闻名，用很多彩色的小点来创造出大场面，一丝不苟。他为他的巨幅画作设计画框，甚至还重新延伸了原本 6 英尺高、10 英尺宽的画——《大碗岛的星期天下午》(*A Sunday on La Grande Jatte*)，描绘人们在一个湖岸旁的轻松一刻，于是他加上了红、橙、蓝点的边，使作品看起来有一个非常完美的视觉过渡，从他的画作过渡到画作之外。梵高也是如此，他常常为如何给画加框而困扰也是出了名的，因为买不起镀金的画框，他就在木框上涂上黄色的交叉排线。马蒂斯甚至把画框的四边称作“一幅画中最重要的部分”。

从很多方面来讲，我们所传递的信息中，最重要的部分正是如何传达使之正确无误地被对方接收。如果我们没有理会受众，或者没有让他们理会我们的画，那么一切准备都没有用。要注意的第一件事是，如何用肢体语言和非语言的交流来给我们的信息“上画框”。

加州大学洛杉矶分校的名誉心理学教授艾伯特·梅拉比安是一位肢体语言研究的先锋学者，他做出这样的计算：在一条信息当中，“语言（仅仅是词汇）只有7%的影响，38%的影响在于说话的声音（包括说话的音调、音调的抑扬顿挫和其他的声音），55%的影响在于非语言的交流”。就像一个巨大的、镀金的边框会让一幅精细的画作黯然失色，我们的音调、面部表情以及手势也会在很大程度上影响别人对我们的信息接收情况。无论是否有意为之，我们的潜台词都会让语言的传递效果有所不同，有的会引人入胜，有的却适得其反。

肢体语言的专家乔·纳瓦罗著有《每一个肢体动作的寓意》（*What Every Body Is Saying*）一书，建议大家用好的非语言交流来创造好的语言交流。他说，至少在美国，我们和别人打招呼时要有力地握手，并且直视对方的眼睛。自信的握手是有力的，而不是软弱无力或过度用力。握得太松会给人留下你很弱或者不愿出力的印象；而握得太紧又会造成支配欲强或者野心大的印象。无论你是在倾听还是在发言，交谈时看着对方的眼睛也很重要，因为那是在告诉对方你正在用心关注他。当然，不要一直盯着对方看，或者只是飞快地一瞥，看对方眼睛的时间长短，就是你能够注意到对方眼睛的颜色的时间。

如果你和别的国家的人打交道，你应该研究一下该国文化中基本的非语言交流的信息。我有一位同事经常给日本观众演讲，她常常很困惑，为什么日本观众和其他的观众群不同，他们在她演讲结束后从来不提问题。后来她发现，在日本，人们通常不愿意举手引来别人注意，他们只是看着演讲者，然后期待自己能够被注意到。我的同事感到很糟糕，因为这几年来，她一直被人有所期待地看着，这些人心中可能都带着问题，但她从来没有请他们来提出自己的问题。每个国家和地区都有自己独特的礼仪，而且互联网可以让我们在和与自己文化背景不同的人们交流之前，很容易了解到什么该做，什么不该做。

不过，有一个手势无论在哪种文化背景下都应该避免：用手去指。迪士尼的员工培训中要求他们绝对不在公众场合用手去指，因为在很多国家，这个手势都是粗鲁的表现，也许还有更重要的原因，那就是用手去指会让意思变得模棱两可，显得十分懒惰。如果客人问："离这里最近的洗手间在哪里？"员工仅仅是用手指了指那个方向，这个员工就会传达出自己漠不关心的态度，员工可能希望客人去问那条路上稍远的其他人，那么这位员工就没有真正地给这位客人有用的服务。迪士尼的员工必须用专门的指示性语言，其中包含附近标志性的地方。所以，更完整、更有帮助的回答应该是："离这最近的洗手间在往右走大约 20 英尺的地方，走过那个主门一点儿，如果你看到了嘴里喷水的骆驼，那你就走过头了。"用手指会让自己的回答有太多的含糊不清，没法解释为成型的语言。"看到那个东西了吗？就在那儿！"你说的到底是什么东西，又到底在哪里呢？

依靠用手去指还绕开了至关重要的推理分析。当我们被迫清楚表达的时候，我们的注意力会更加聚焦在该事件上，于是会带来一个更具体的解释说明，并创造出对观察更优质的记忆。如果信息已经传播了好几年，当某一个目击者——官员、社会工作者或是教师——在多年后的法庭上必须重复他/她对某一经历的描述的时候，清楚地表达而不是用手指的好处就更为重要。

我教的大多数学员真切地感受到“不用手指的规则”十分困难。即使是一组看起来语言表述能力很强的人们，比如记者，他们也不能不用手去指，尤其是在一个刺激视觉的环境里，比如在博物馆里。你需要重新训练自己的手，不过当你说话的时候，你要保持手放下的状态。

当我告诉人们不要用手去指的时候，总是有人为避开用手指的习惯试图用摆头的方式去“指”。那样也不好。我们必须意识到这种非语言交流，但也不能用非语言交流来替代语言。肢体语言无法以令人满意的方式替代语言，从而简略描述我们所看到的东西。

交流更容易被接受的秘密

最近，我在一架航班上听到空乘人员说了一个笑话：怎样保守一个秘密不让乘务员知道？答案是：通过机上广播来宣布它。我儿子会说：“很好笑，因为确实是这样。”不同于乘客关注着驾驶舱里传来的每一句话、每一个字，乘务员通常不会收听机上广播，因为这些信息对他们没有什么意义，他们用不同的方法和机长沟通，通常是编码了的指示灯和长得像门铃的钟，以此来消除乘客不必要的忧虑。

即使我们能尽最大努力调整我们说给听众听的话，也无法保证对方一定会听进去。为了有助于我们的交流能够被接受，我们需要在传递信息的过程中再做最后这几步。这是交流更容易被接受的秘诀，我把它叫作三个 R：重复（repeating），重新命名（renaming），和重新构筑（reframing）。

第一个 R：重复（repeating）

安迪·沃霍尔以一个非常简单的理念让自己成为了流行艺术之王：画像的重复。不管是金宝汤的罐子，还是玛丽莲·梦露的多格人像，每当你看到沃霍尔的画，你就不会忘记，因为你在同一个地方看到它不止一遍。我们可以在交流中运用这个概念，不过不是自己来重复，而是让对方来回应我们。

仅仅问听者是否在听是不够的。组织心理学家大卫·G·贾维什博士建议："不要问听者是否听到了或者理解了我们说的话，因为回答的人一般都会给出肯定的回答。为什么？因为没有人希望老板认为自己在开小差，或者没有正确理解那句话。"所以我们不要这么做，而要像交通控制员对领航员所做的那样，确保你的信息是被接收到的：请求对方用自己的话复述你刚才所说的。要是鲍比·佛雷牛排餐厅的服务生请求客人重复一下红酒的价格，听到"37，50"被大声地重复出来，或许就会引起这位客人或者一起用餐的同伴的疑惑，就会要求这个服务员把价格讲清楚。

如果你觉得让对方逐字地复述你所说的话会让你不舒服，你可以让他对你说的话进行评价。贾维什这样建议："问对方，完成这个任务时，哪一步是最困难的、最容易的或是最复杂的。"

第二个 R：重新命名（renaming）

在毕加索完成了一幅巨型油画——画面上是 5 个线条硬朗、肢体脱节的裸体女人——的 9 年后，他终于让这幅画走出工作室，展示在公众面前。因为画面描绘的是巴塞罗那一条烟柳巷的妓女，他就将这幅画简单地命名为《阿维尼翁的妓院》（英文名为 *The Brothel of Avignon*），简称《我的妓院》（英文名为 *My Brothel*）。这幅画本身已经足够令人震惊，因为画中女人原始的、世俗的姿势，所以毕加索的友人、诗人安德烈·萨尔蒙为 1916 年的沙龙重新命名了它，改名为《阿维尼翁的少女》（英文名为 *The Young Ladies of Avignon*），因此这幅画能让对此话题羞羞答答的公众更愉悦。重新命名后，这幅画被永久地保存在现代艺术博物馆里，并且被公认为毕加索最有影响力的作品之一。改名字，丝毫不会改变它的内容或构造，却能够更好地被人们所接受。

当我们在理解中遇到障碍时，只是简单地变换一下名称，问题可能就会迎刃而解。《纽约时报》最卖座的作家哈维·麦凯建议："有时候，当你把你想要的东西改一下名字，你就能够轻易地得到它。比如说，你的对手不愿'重新谈'合同。好，如果我们把它说成'合同的增补'呢？你的对手不愿意付补偿金。好，那你就说这是一个'要商议的合同'。"只要这是一个正确的近义词而且没有改变原义就行。想想莎士比亚说过的那句话："玫瑰不叫玫瑰，还是一样芳香。"

第三个 R：重新构筑（reframing）

华盛顿国家美术馆的馆长一直很自豪，因为有很多藏品用了艺术家设计的原创画框。然而 20 世纪 90 年代，他们突然很吃惊地发现，并不是每一个画框都正好匹配它所裱的那幅画。通过仔细观察，他们发现，温斯洛·霍默的作品《右与左》（*Right and Left*）的原始画框实际上太小，并且遮住了重要的细节。这个画框正好适合他的另一幅没有原始画框的作品《猎狗与猎人》（*Hound and Hunter*），于是画框被换掉了，并为《右与左》制作了一个新的、更大的画框，使画作能够完整全面地呈现给观众。

如果你想传达的信息没有和听众产生共鸣，那么你需要尝试重新构筑你所表达的方式。我想起一则 20 世纪中叶的奇闻，它完美地说明了重新构筑沟通所能产生的神奇效果。

一位失明的老人在人流高峰期坐在一个繁忙街头的角落里乞讨，乞讨用的锡罐旁边有一张厚纸板，上面写着：我是盲人，请帮帮我。然而锡罐里没有一分钱。

一位年轻的广告文案从业者走过，看到这位盲人和他的乞讨语，以及空的锡罐，她注意到从盲人身边走过的人们对此无动于衷。于是从口袋里掏出一支笔，把厚纸板翻过来，在背面草草地写下了一句新的话。她把纸板留给那位盲人，然后就走了。

结果，人们马上开始往他的罐子里投钱，当罐子里的钱溢出来时，这位盲人让一位陌生人告诉他纸上写了什么。

陌生人说："纸上写着：今天是美好的一天，你能看到，我却看不到。"

换一个方式表达我们的信息能够彻底改变它被接收的方式。当我告诉人们，"洞察艺术"课程的平均时间为 3 个小时，他们总是非常惊讶。如果是听一个人讲 3 个小时，那真的很久，于是，当我有很多信息想要分享给大家的时候，我会很注意如何去构筑我要说的话：会在内容里加入供学员互动的图片，做一些互动协作的练习，让学员们站起来和同伴说话，还有多次的博物馆之旅。在课程的最后，很多学员都会告诉我，他们还能再和我一起待上 3 个小时。

邀请

最近，我参加了一个在纽约的艺术展览，名为“在工作室”（*In the Studio*），这个展览探索艺术家们如何用艺术的方式展现他们自己工作的地方。虽然作品之间有很大不同，但都是个性化的表达，关于艺术家自己与他们创建信息的神圣之地之间的关系。

生于德国的英国画家卢西安·弗洛伊德是西格蒙德·弗洛伊德的孙子，用一幅《水槽边的两个日本摔跤手》（*Two Japanese Wrestlers by a Sink*）来描绘自己的工作室。他没有把安静房间里的大窗户、画家或者是一支画笔展示给人看，而是用一个普通的甚至有点脏的洗面池占据了几乎整个画面；这幅画从标题上来看，主角似乎是摔跤选手，但其实只在画的侧面，而且被削掉了许多，而水槽不仅在空间上占据更中间的位置，而且与画中其他元素相比，也在艺术创作过程中具有更核心的地位。通过让我们看到前方和中间，弗洛伊德提醒我们，他的画作、他的创造性的表达，并不是什么神来之笔，而是计划、操练和目标的产物。

在另一幅老彼得·勃鲁盖尔创作于 16 世纪的素描自画像《画

家与买主》(*The Painter and the Buyer*)中，勃鲁盖尔拿着一支画笔站在他的工作室里，站在一幅看不见的画布前，一个旁观者略过他的肩膀徘徊在他身后。勃鲁盖尔合并了这幅画的观看者在他的自画像中，这点很重要，因为这是艺术家在肯定一件事：他的交流并不只意味着他想创造的东西，也同样意味着别人如何看它。或许艺术家最终的作品看上去是不费力气而且是被所有人喜欢的，但其实并不是。甚至可以这样说，所有的作品——至少是那些好的、能被记住的——一定是经过深思熟虑的，顾及到买它的人、终端用户或者是它的观众。

老彼得·勃鲁盖尔，《画家与买主》，1565

最后，我请大家来看一看 1963 年理查德·德贝康的画。我觉得它很引人注目，因为它不同于他的那些抽象风景画，《工作室的墙》(*Studio Wall*)更加具有代表性，也更易理解：它展示了艺术家挂在墙上的画，看起来像是提供了观赏者一张空椅子，邀请观赏者进入画室。无论是艺术还是交流都是如此：那是一个邀请，一个让别人进入我们大脑的邀请，让他们知道我们看到了什么，以及我们是如何观看的。

理查德·德贝康，《工作室的墙》，1963

***

现在，我们已经回顾了在日常情景下——例如产品发布会、新闻发布会、社交媒体互动、主题公园、餐厅甚至是第一次约会——如何保持良好的沟通技巧，接下来，我们要来探索在有压力的情况或是不得不去做的时候，如何保持冷静并有效沟通。

第 9 章

（裸体的、极度肥胖的）大苏与高中校长

如何观察并传达难以启齿的真相

我们已经学习了日常情景中良好沟通的宗旨原则，但是，怎样应对那些必须传达却难以启齿的事呢？比如当我们遭遇难题、压力或令人不愉快的事，甚至是一些禁忌，那些会让我们在直觉上不舒服的事。我们非常想忽略它们的存在，但却不能。如果那些事情是真实而具体的，实际发生过并且就在面前，我们就必须和它打交道。

几个世纪以来，哲学家和心理学家们探讨为什么人类不愿面对赤裸真相，就像苏格兰的怀疑主义者大卫·休谟说的那样："回避令自己难受的真相。"这是利己主义、享乐主义还是一种将自我存在最大化的企图？没人能给出明确的答案。然而，我们在训练自己的观察技巧时已经明白，我们不知道原因并不意味着我们没有能力下意识地回避不喜欢的事情，事实上我们真的会这么做。我们否认，把头转过去，假装看不见，推卸责任，但是没有任何

一种躲闪的行为能够抹去我们已经遭遇了某事却没有处理它的事实。

为了避免错漏信息，我们必须有能力在任何情况下准确地描述事情。然而当遇到麻烦的信息时，这种需求甚至更紧迫，因为拒绝知晓，信息会让情况变得更糟糕，更不要说观察、分析或清晰表达了。忽略那些困扰我们的事情是不能赶走它们的。就像一点火星会演变成一场森林大火，这些糟糕的事情还会升级甚至爆发。当我们在问题还不大、还比较容易解决或维持的时候选择回避，那么可能需要对后果负责。

为了避免自己成为《泰坦尼克号》（*Titanic*）上那个忽略冰山信号的船长，我们必须去应对那些看似不能面对的事情。就像海豹突击队说的那样，我们必须习惯不舒服的感觉。战斗老兵转业成数码市场销售经理的布伦特·格利森解释道："已经有好多次了，作为一个商业经营者，我遇到过非常不舒服的情景，可能是和某位团队成员的困难沟通，可能是一次诉讼，或是和一位要求很多的董事会成员交锋。不适感会以很多种形式到来，但是你越是把它看成既成事实迎上去，你越会扩大自己的舒适地带。"

越是把不舒服的事情表达出来并积极面对，我们在这个情景里的状况就会越好。让我们从分析下面的两幅画开始吧。现在就要把它们之间的相似点和不同点整理出来（当你想到这是"结婚前和结婚后"或者"妻子和婆婆"，不要觉得难为情。我都听到过。只是不把它们说出来！）。

戈雅，《风流女伯爵》，1795~1800

卢西安·弗洛伊德，《沉睡中的救济金管理员》，1995

两幅画中的女人都是靠在沙发上，虽然方向相反。前一幅画中的女人眼睛是睁开的，抬着头，而且看着正前方。后一幅画的女人，眼睛闭着，她的脸很松弛，整个人瘫在沙发上。两个女人都是咖啡色的头发。后一幅画的女人看上去没有梳头，乱蓬蓬的。

那么，沙发怎么样呢？不要说一个很时髦一个像垃圾似的。

那些是带有主观评价的词，而且感受因人而异，要说得具体一些。来说说一个沙发上有缎子和丝绒，而另一个没有靠垫而且有污点。前一幅画的沙发严格来说是深绿色的，单边扶手的可折卧榻，有象牙色的铺盖和两个花边枕头。后一幅画中的沙发是老式的，带双边扶手，有花朵图案，没有靠垫，只有很脏很破的装饰。

前一幅画是咖啡色和琥珀色背景，我们看不见地板。后一幅画的背景中，有一个起皱的灰色织物，地板是有木纹的。

还有什么？我每天将这两幅画给全国各地上千个专业人员和管理者们看，观察结论中最羞于启齿的不争事实是，这两个女人都是裸体的。你可以说“裸体”，这是事实。她们都侧身摆了一个让人几乎可以看到全部正面身体的姿势，没有任何衣物的遮盖，或者是巧妙地掩盖自己裸露的身体。前一幅画的女人的双手放在头的后面，后一幅画的女人，左手放在沙发上方，右手托着自己右侧的乳房。

她们的体重如何？也没有人想提及这一点。“说一个人很苗条而另一个人不苗条，难道是一件合乎礼仪的事吗？”最近有位学员这样问我。不，她们体重的差别是很客观而且很主要的一点。说得更具体一点，后一幅图的女人已经不止是超重了，她已经过度肥胖了。

“过度肥胖”是一个临床医学术语，它由疾病控制中心定义，用来描述身体质量指数（BMI）超过 30 的个人。对一个 5 英尺 9 英寸（约 1.75 米）高的女性来说，体重超过 203 磅（约 92 千克）就已经是过度肥胖了，所以我们说后一幅画的女人过度肥胖是没有任何问题的，因为在画这幅画的时候，女模特苏·蒂利有 280 磅（约 127 千克），你并没有去评价她或者取笑她，你只是说出了看到的事实。

有一位医生学员举手告诉我说，第一个女人“完全健康”而第二个女人是“病态的肥胖”。我反对他的描述，但是理由并不是你想的那样。“病态的肥胖”是一个医学术语，形容身体质量指数超过 40，或者指数超过 35 但是有肥胖体征的人。而且这都还不是肥胖的最高级别。身体质量指数在 45 以上的人是超级肥胖。内科医生并没有说“令人恶心的肥胖”，他给出了一个临床医学的定义。他对前一幅画的女人所选用的词是一个推断。完全健康？他怎么知道？或许她有精神分裂症呢（他随后为他的这个推断性的描述道了歉）！对这两幅进行比较，既是处理敏感主题的练习，更重要的是选择措辞的练习。

我们已经变得在说任何话的时候都小心翼翼，我们都忘了什么是事实了。事实就是已经被证明的真相，而不是意见，那么，什么方法可以快速分辨出两者的区别呢？那就是把你所看到的说出来，而不是说你认为怎样。

把你所看到的说出来，而不是说你认为怎样

这点需要重复强调，不只是因为你需要坚持客观事实，也因为你需要说你所看到的，甚至是当你不喜欢的东西出现在你眼前的时候。有效的沟通意味着有能力去探讨任何相关的事物，甚至

是那些令人感到不舒服的、不安的、不正常的事物。你也许不喜欢某样东西，也许有你个人的憎恶在里面，但是这也不意味着你就能忽略它的存在。

我刚才说过，我把那两幅画给每一组人看，甚至包括宗教组织的人士。有一次我给处在危机当中的高中管理层讲课，有一位校长举手对我说："我不想看这些画，太恶心了。"

我解释说我绝不是有意让任何人不适，他是否喜欢这些画都没关系。只是我们不能不面对我们不喜欢的事物。事实就是，这两个女人是裸体的。你的描述就需要涉及到这一点。你不需要喜欢它。这只能让我想象到，一位校长在一所内陆的高中面对困难甚至是恶心的事情，不去理睬是绝对行不通的。

艺术世界中并不总是好看的东西，就像生活一样。刚才那两幅画不是什么私人的色情作品，它们是肖像画，以各自不同的理由风靡艺术界。前面那幅画，弗朗西斯科·德·戈雅的《风流女伯爵》（*Naked Maja*），被认为是西方艺术中首次画一个非神话的、非历史的、非寓言人物的裸体女人。这位艺术家因为画这幅画犯了"堕落"的禁忌，他被带到了宗教裁判所。这幅画创作于 1800 年，但是从 1901 年起，它才被挂在马德里的普兰多博物馆；而第二幅画《沉睡中的救济金管理员》（*Benefits Supervisor Sleeping*），是卢西安·弗洛伊德在 1995 年画的，这幅画常被叫作《大苏》（*Big Sue*），为了纪念这位真实生活中的模特——苏·蒂利，她是一名社会服务工作者，为这幅画摆姿势摆了三年。2008 年，《大苏》在拍卖会上以 3 360 万美元的高价被买走，创下了还健在的艺术家的作品拍卖的最高纪录。

艺术是一种完美的媒介，用以学习如何在感觉不适的情况下进行沟通。当然，艺术的主题可以是引起争议的、不受欢迎的，但是更重要的是，艺术对每个人来说，就摆在那里，不会自己移动，不会回应你，也不会跟你回家。它是静止的、永恒的，无论你如何解释它，它都不会对你的解读妄加判断。这一点正体现了它的力量。装置艺术家、摄影师 JR 这样诠释艺术，艺术是“提出问题，给人们诠释和对话的空间。艺术不能改变事物本身的事实，令它拥有一个中立的空间给人交流和讨论，随后使之改变世界”。

2013 年，我带一群人到大都会艺术博物馆观看一个布置在互动画廊里的短期展览，是威廉·肯特里奇的名为《拒绝时间》（*The Refusal of Time*）的展览。我没有给他们任何提示，只是穿过门廊，走进一间昏暗的房间，没有停下来读那些说明文字。那里有一个装置可以将影像投在 5 个屏幕上，装置还带有声音、扩音器和一个“大象”呼吸机。这个房间非常暗，而且很吵。昏暗的屏幕上都是播放着的幻灯片，几乎都是一些飘来飘去的图形，人们跳舞的影子，还有一些潦草书写的黑白影片。移动的装置象征着一次工业革命——一架仿佛工业革命时代的装备外露的大头机器，在房屋中心永无休止地聒噪地上下机械运动，轰隆作响，还有缓慢的影片配乐以及人们的说话声。

我们径直穿过展览出来后，我问班上的学员观察到了什么，这是一个对情景的短时意识而言绝好的练习，尽管他们已经到了这次训练观看和洞察能力的课程的中途，但有一半以上的学员仍然是完全无意识的，因为我没有明确地指示他们去注意什么。

有一位学员说，好像是陷入了《糊涂交响曲》的老式黑白动画片中，巨型的花朵让他们屈膝，在混乱的节奏中舞蹈。这位学员很有创造性，不过我并不是想知道这个艺术作品让他们“感受”到什么，我想知道他们“看到”了什么。如果缺乏根据观察得来的信息，其他的学员就会只用他们的意见来填补空白。有一个学员说：“很不舒服。”另外一个说：“我不知道那是什么。”还有一个学员患有幽闭恐惧症，他说：“迫不及待想快点出去。”还有一位学员只是简单地宣称：“我讨厌它。”

是的，这在感官上是一次打击，它很容易就能让任何一个人感到不舒服。这世界上的很多东西都是如此。但是我们不能让不适感凌驾于观察和意识之上，因为我们需要去面对。

让我们来看一幅可谓铺天盖地的画。在《沃尔多在哪里》（*Where's Waldo*？）之前500年，荷兰艺术家耶罗尼米斯·博斯创作了《人间乐园》（*The Garden of Earthly Delights*），画在3块巨型的相联的橡树板上，有22英尺宽、13英尺高，象征性地描绘了伊甸园、人类的堕落，以及地狱（这幅画永久地收藏在马德里的普拉多博物馆，如果有机会的话，非常值得亲自去看一看）。

耶罗尼米斯 · 博斯，《人间乐园》，1500~1505

因为这幅画非常巨大，我们要把最右下角的内容放大，以观察到它的细节。

耶罗尼米斯 · 博斯，《人间乐园》（细节），1500~1505

我们对这部分画作的感受并不重要，觉得很奇怪就是了，但是不要谈我们如何认为，来谈谈我们看到了什么。

我来开头，讲一下最重要的部分：在左上角，似乎是一个男人，可能是被两头啮齿动物袭击，已经死了。在右侧，可以看到一头被赋予人类形象的猪打扮得像个修女。这头猪竖直坐着，它的嘴凑近一个成年男子的耳朵，那个男子也坐着，右手放在猪的脸颊上。这个男人的左膝上放着一张像纸一样的东西，纸上好像写着字，如果没有纸，他就一丝不挂了。在男子和猪的前面有个长着鸟嘴的生物，它的大腿像人腿，脚像爬行动物，带着一个巨大的、深受中世纪骑士喜爱的头盔，头盔盖住了它的大部分身体。这个生物大腿上插有羽毛箭，一只切下来的脚悬挂在从头盔顶部突出的弯曲尖状物上。从它的头盔突出的嘴上挂着一个墨水瓶，那头猪的左前肢拿着一根羽毛笔往墨水瓶里头蘸。

你看，如果你不偏离事实，情况也并不是那么糟糕。现在我们来看另外一幅画。你看到了什么？

威廉·阿道夫·布格罗，《地狱中的但丁和维吉尔》，1850

即使不反感裸体女人和修女打扮的猪的观众，也会被这幅画弄得有点局促不安。不过，这幅画如果让你感到不舒服或是涉及你不愿意想到的东西，都不重要。特别是当我们不喜欢某样事物或者是想要撇开它的时候，还能够客观地描述出来的能力是至关重要的。把假设和情感统统放到一边。

真正地去观察这幅画，发生了什么？你对事实的观察是否更多地改变了你有意看到的东西？在匆匆一瞥中，看上去这两个裸体的男人是在打架，并不是在嬉闹，那是力量的较量，或者是相互的吸引，而当我们看得更仔细的时候，我们就看到了野心的信号：一个男人用膝盖向另一个男人的后背攻击，手指用力地抓着他的肉体，而且还张大嘴去咬他的脖子。这是威廉·阿道夫·布格罗创作于 1850 年的作品，名叫《地狱中的但丁和维吉尔》（*Dante and Virgil in Hell*），描绘了但丁在《地狱》（*Inferno*）中的一段话，是但丁和维吉尔在地狱的第 8 层里面，看到的一个异教徒和一个反对派的艺术家在搏斗：

> 他们折磨着对方，不光是用手
> 用头、胸和腿
> 还用牙齿，支离破碎地撕扯对方

这幅画让你感到不适，这没问题；你不喜欢，也不是问题；只是你不能无视它，因为它确实存在，而且它就在你的面前。就是因为我们无视那些事实，或者选择不去相信那些我们所看到的真实情况，才让糟糕的事情发生的。

相信你所看到的

有时候，摆在我们面前的事实令人难受或是难以置信，但如果我们将其屏蔽，就会导致灾难性的后果。心理学家借用了一个法律的说法“刻意无视”——表示某人故意不去注意细节，试图逃避因某个错误的行为产生的责任——来表示那些我们刻意选择屏蔽的事物，而这种刻意的无视，有时是我们下意识的行为。就像其他的盲目认知一样，通过下意识地注意，这点是能够克服的。而且不同于其他盲目认知的是，如果我们不克服自己的刻意无视，那会带来深远的不良影响。这种影响在“考文垂隐患”的例子中可见一斑。

在英格兰，有一句惯用语叫作“被送到考文垂”，指某人应受到完全的隔离，你再也不能和他说话。令人难过的是，对 4 岁的当地居民丹尼尔·佩尔卡来说，这件事是真的。2012 年 3 月，有人发现这位金发小男孩挨了饿，被家长打死了——尽管当局人员已经造访过他家 26 次。

学校的工作人员注意到，有几回孩子的手臂骨折了，两只眼睛发黑，在脖子周围有“4 个斑点形状的青肿”，当教学助手开玩笑地抚弄他的头发时，他一副畏畏缩缩的样子。教师们注意到他“日渐消瘦”，皮包骨头，太瘦了，所以衣带渐宽。他偷吃别的孩子便当里的食物，吃学校垃圾堆和垃圾桶里脏了的剩饭，这类情况被记录了下来。

他的继父声称男孩是从沙发上摔下来才让手臂骨折的，而且认定他有“贪吃”的毛病。他的母亲看上去很担心，说他有些疾病，所以看起来皮包骨头。他的小儿科医师解释说，他糟糕的成长发育和体重过轻是有某种疾病的征兆。虽然警察经常去他家里家访，解决他们家的暴力争端，可他们并没有和丹尼尔谈话，或是考虑到虐待儿童的情况（上一章我们已经学到了不提问题带来的后果，这件事也是一个有代表性的例子）。

官方对这件事的观察发现：“涉及这件事的工作人员没有事先准备好‘想到那些不堪设想的事’，并且试图将他们面前的证据想成与虐待殴打无关，使之合理化。”

丹尼尔的死，并不是因为人们没有注意到他的情况。大家都注意到了，而且也记录了下来。他们也很关心。但是他们不想去相信看到的全部事情。这件事就是虐待儿童，但他们在分析眼前的事实情况的时候，不想去面对这个令人悲伤的真相。

我们必须去相信看到的事物，即使这可能需要我们去想到不堪设想的情况，或者说出难以启齿的事情。也不能忽略警报信号，因为它们的出现对我们预报了某种不可能发生的事。就是因为人们相信泰坦尼克号不会沉，才导致了它的悲剧。就是因为人们相信雷曼兄弟足够强大不会倒下，才导致了它的破产。我们不能因为发现有些事实很恶心、令人烦恼或者不安就去掩盖它们，因为想象不到的事情每天都在发生。我们需要有日常沟通的能力，也要为无法预料的情况、紧急情况和看似不可能的事做好准备。

为了练习在“不可能存在的”和“不舒服的”情况下做客观分析，我们来仔细看一看博斯的《人间乐园》，分析一下这张图的细节：

耶罗尼米斯·博斯，《人间乐园》（细节），1500~1505

在看到和彻底分析它的时候，我们没有必要去想它是否讲得通，或者能否和我们的生活联系在一起。这幅画里发生了什么？写下几句话来描述它。

我看到了这些内容：一个长着鸟头的人形动物，坐在一把高脚圈椅上，似乎正在吃一个裸体人的身体。它的头上有一口大锅，两腿伸在两个罐子里，嘴里叼着一个人，那人的半个身体被它含在嘴巴里面，两只大腿都被它的右爪紧紧抓着。它的高脚椅下面还有一个圆形透明罩，里面好像还有两个人。5只黑色的鸟在飞翔，不过只能从那个被它含在嘴里的半个身体的后面看到5只飞鸟的影子。

我不觉得这个场面会令人愉悦，但这不重要。我也不觉得它很写实，不过它真实存在——它就是一幅真实存在的图画，真实存在于这个世上，所以我可以把它用作视觉信息并且描述它，那么，你也可以做到。

更重要的是，我们可以把这种精确地评估令人不舒服的艺术作品的技能转化为处理困难沟通的技能，因为我们看画的时候，画面里的状态不像是我们的日常生活，然而处理敏感的信息却是我们日常生活的一部分。我们都需要处理困难的情况，讨论令人不舒服的话题。在工作中，我们会要求加薪、对公司的一项新政策提出质疑、责备员工，或者解决一场争论。在生活中，我们要和伴侣、孩子、父母展开比较困难的谈话。再说一次，忽略某些事的做法是危险的。情报界训练监视机构总是不断地提醒我们，你不提起的事情不会凭空消失。事实上，它们还会升级，导致更大的损害，而且增加你自己被监控的几率。相反，积极应对并着手处理困难的问题和局面，会赢得老板、顾客、潜在捐赠者甚至所爱的人对你的欣赏。

孩子特别需要直接坦率的交流，尤其是关系到令人烦恼的事情时。低估事情的重要性、回避或拒绝别人的关心，都不会让问题消失，而且会损害自己和他人之间的关系。

有一次，我给曼哈顿一所私立精英学校的校长做培训，他有个无法回避的任务，就是要去告诉一位荣誉青少年学生的父母，他们的宝贝女儿在男厕所里跟男孩子性交。对话进行得很不顺利，因为孩子的父母根本不想知道。

“这样说太过分了！”女孩的母亲很生气，“我们的女儿绝不会那样做！”

这位校长解释说，这不是什么指控或者假设，这位女孩是被一位值得信任的、授予终身职位的教职员工撞到的。孩子的父母怒气冲冲地离开，拒绝继续这场谈话，大家最终也无法帮助他们的女儿得到她所需要的忠告和惩戒。

他们被自己的情感和不信任感包围，而且很可能被这种感觉支配了。然而，不想去面对并不会让问题自行消失，事实上，那样做很可能会让事情更加恶化，尤其是如果他们在家里也像在校长办公室那样忽略这个情况的话。用家庭临床医学家罗恩·L·迪尔的话来说，在某个涉及孩子的令人不安的情况下，如果看护者不面对情况，孩子常常会理解为，大人在避开他/她。这样会导致孩子终生内向，行为中表现出消极的一面，或者是和家长失去长期的信任关系。迪尔说："随着时间流逝，这会让亲子关系中的情感距离越来越远，而且孩子会越来越不听大人的话。"为了防止这一点，孩子的父母需要克服发生在女儿身上的事件和校长的话语所带来的不适感，并且就事实进行客观对话。

当我们被情绪压垮，似乎无法思考时，我们可以随时退回到之前学过的调查模式来收集事实：人物、事件、地点和时间。学生的父母可以不让情绪影响自己的反应，而是问："我们女儿做这件事的时候，有谁涉及其中？""这件事实际上带来了什么后果？""这件事发生在什么地方？"以及"这件事是什么时候发生的？"

真正的领导者能够在危机中轻松处理一个令人难受的谈话。他们懂得如何收起自己的主观情绪，去消化和传达坏消息，即使他们自己不想这样。在每一期课程中，我都能够马上认出这些人。在别人说“我不喜欢这个”或是用手捂着嘴，或是避开的时候，这些人会肯定地点点头说“有意思”。他们能够超越自己的胆量和肢体语言，用脑子思考。

接下来，我要教你如何成为这样的人。

智胜于情绪

就像培养观察技巧一样，我们在训练沟通技巧时——尤其是在备感压力或不得不做的情况下——把客观事实从主观情绪中分离出来也是最重要的事情。在观察并做评估的时候，要把事实情况从虚构中分离出来，在分析环节，要把推断从意见中分离出来。在充满压力的交流当中，我们必须把要传达的信息从所有的情绪中分离出来。

人类是有感情的生物，感情是我们作为人的不可缺少的一部分。心理学家、情绪研究专家保罗·埃克曼这样解释，我们发展出情感，去处理远古时期的威胁，比如剑齿虎等，正因为如此，人类情感的产生常常是无意识的。“事情发生的时候，你是来不及思考的，不然就会没命。”埃克曼这样说。

情绪也是我们天生就会产生的。如果看到老虎的时候没有马上意识到恐惧，那就不能及时逃跑来摆脱可能受到的伤害。尤其是在压力环境中，人的情绪会变得更为敏感。如果带着情绪同他人讲话，对方也会带着情绪回话。接连产生的情绪并不能让我们完成某一项具体的工作。如果不专注于手头的信息和任务，情绪可能会导致我们去思考个人的问题。

当你传达信息的时候，尤其是对向你报告的人，要注意用词，提出合理要求。如果你的话里有哪怕一点点的消极情绪——失望、恶心、怀疑、自以为高人一等、挖苦、被动攻击或者隐含的侮辱——那么你的谈话对象会第一个听出来并且长时间对此耿耿于怀。

有一次，我和一位妇女一起做事，她很擅长用含沙射影的辱骂而非纠正的方式训斥自己的下属。不幸的是，虽然她的批评是有依据的，但她责备的语气和接受者受伤的反应让他们很难正常表达自己。有一个人在被严厉地警告后，花了好多时间在这件事情上，并且很难消化掉不良影响，之后她才能重新回到轨道上，处理这件实际的事。

那些责备的话，比如“抓住重点！”给人的印象完全像是在喊叫。“你需要做得好一点”听上去更像是一种侮辱。作者被“这件事不是这么做的，谷歌和维基百科上的资源没有根据”的训斥所拖累。作者作为合作交流的专家，有新闻学的文凭，她知道谷歌和维基百科并不是很可靠的参考资料，所以她并没有使用。她的老板认为她使用了吗？或者仅仅是个诽谤性的责备呢？尽管作者认为她应该把经历放在继续研究上，但却花了数个小时来准备如何为她的技术答辩，她如此自我保护，又很生气，最终也不愿意做任何改动。

作者和她的老板原本有着相同的目标，那就是及时完成一份研究深入、表达清晰的报告。而双方之间沟通不畅会造成误解，最终威胁到双方的关系。老板原本可以用额外的时间为作者提供更多有效的帮助，他可以不必说"'矛盾的'不是这个意思"，而说成"'矛盾的'的意思是对某件事有混杂的感觉，不是吗？"如果他能这样做，则会帮助整个团队，而不至于浪费时间，各个部门之间不愉快的插曲也不会发生。

并不是说我们不能表达情绪，如果需要传达一种感觉，比如"我爱你"，那么请运用你的情绪。如果需要传达一个事实，比如"你的表现在正常标准以下"，请去除你的情绪，除非你想让对方也和你有同样的情绪。

既然我们的情绪似乎会随时随地毫无来由地出现，连自己都感到意外——就像埃克曼解释的那样："你甚至自己都意识不到，直到有人对你说'什么事情让你如此不安？'"——那么，掌握情绪的第一步就是去了解它们。就像是处理我们潜意识的知觉过滤器一样，在交流过程中，在我们的情绪里注入意识觉知，能够帮助我们克服不自觉的情绪外露。

第一步，埃克曼建议我们要对自己的面部表情、肢体语言和可能带有的任何紧张感加以察觉。如果你发现自己咬紧下颌，或者紧绷肩膀，那就把它看作是你可能会感情用事的信号。如果你自己确实有这种情况，那么，就像我们看艺术作品时所做的步骤一样：后退一步，评估，然后判断。问自己："我为什么这么激动？是什么事情触发了我的情绪？我是否误解了什么事？"

我们必须意识到自己的情绪触发点和信号，因为周围的其他人是可以看到它们的，有时甚至比我们自己先看到。患者能够知道我们迫不及待地想离开病房；孩子们能够知道我们不想帮助他们做家庭作业；客户能够知道我们私下里认为他很无知。当他们看到这一点的时候，我们和他们的关系就会疏远，我们能够提供的关心、建议和指导就会大打折扣，而且，我们的职业生涯或是别人对我们的正面评价甚至也会受到影响。

假装自己的情绪不存在并不是解决方法。试图去压住情绪可能不仅是徒劳，而且还对身体有害。澳大利亚昆士兰科技大学的研究者发现，当人们试图压制住消极的想法时，实际上反而会产生更多消极的想法。2012 年佛罗里达州立大学的一项实验表明，从心跳率分析，想压制住自己负面想法的人的应激反应要高于常人。

关于负面情绪或消极想法，专家的建议是：将它们释放出来，然后把它们赶走。

当你第一次碰到某种状况时，在你讲任何话之前，你需要给自己一点时间来处理自己的情绪反应。在一期和医学院的学生在弗里克收藏的培训中，我把学员们分成两人一组，安排他们看一幅画，进行观察和研究，然后在课堂上发表观点。我可以从肢体语言中看出来，两位年轻男士——他们是医学院一年级的学生——不喜欢这幅雅克·路易·大卫画的妇女肖像画《达鲁伯爵夫人》（*Comtesse Daru*），我就让他们来评估。他们很迷茫地看着画，想要转移话题，最后我对他们说："如果你们不喜欢这幅画，没关系，只是你们要说出为什么。"

他们突然开口说话了，告诉我他们觉得这幅画的主人公没有魅力，她的眼睛是斜视的，帽子看上去像是浴帽，而且她的连衣裙也很难看。

雅克 · 路易 · 大卫，《达鲁伯爵夫人》，1810

“很好。”我回应道，“现在，告诉我你客观地看到了什么。”

意识到自己的主观想法并说出来，有助于他们打破被动局面和沉默寡言，去做自己需要做的事。于是，他们说出这位女人的眼神没有正视他们，脸颊看起来过于肿胀，绿宝石项链太过显眼，脖子上横向的褶皱和她戴的垂直耳环形成强烈的对比。她穿着一件高腰的白色连衣裙，袖子的花纹装饰太过花哨了，并且观看的人能从她右手臂弯带花纹的织物上看到她拿着折扇的细微迹象。

就像在艺术中一样，在生活中，我们也不可能喜欢每件事或每个人。当你遇到不得不在一起工作的人，比如同事、目击证人、学生或供应商，你本能地不喜欢他，但你需要退后一步，问问自己为什么。为什么不喜欢他？特别不喜欢他的什么地方？这时，你或许会发现，是因为他长得像你的前男友，还是像曾经在你二年级时羞辱过你的老师？一旦你认识到这些，就可以知道那是多么的主观和不重要，然后你就可以继续往前走。

继续往前走

我们现在已经可以准备、练习并且尽最大努力变得客观，但有的时候我们发现自己依然会陷入一场激动的情绪化的争论之中。我们怎么会到那场争论里去的？可能性无穷无尽：一个知觉错误、一个误解、一些用错地方的选择或是不恰当的词。但无论出于什么原因，我们的确陷入了争论。我们正在看那幅“像鸟一样的生物在吃人，它身后还有很多鸟在飞”的画，我们需要解脱出去，但是如何解脱呢？用我们在上一章学习的方法：重复，重新命名和重新构筑。

重复

就像需要让对方把我们的话重复出来，以确认他是否得到我们的信息一样，我们可以用同样的策略让一场激烈的争论扭转局势。为了做到这一点，哲学家丹尼尔 · C · 丹尼特建议：“你应该试图非常清晰、生动、公正地重新叙述对方的立场，从而让对方说，‘谢谢，我真希望自己能考虑到这些’。”丹尼特随后建议，要陈述你在对方身上赞同的任何一点以及你所学到的东西。

查尔斯·理查兹和他的妻子卡罗琳将这建议付诸实践，他们发现，这样做可以把他们从数不清的重复纠缠和痛苦的争论中解救出来。他们告诉我，有一天，查尔斯听到卡罗琳在楼梯下面喊自己的名字，毫无疑问，卡罗琳的声调是不安的。于是他冲出卧室，站在阳台上向下看着她。

“出什么事了？”

“我忍无可忍。”她说。

“什么？”

“这个。”她指着楼梯第一级台阶上的一双袜子和一本书说。

“什么？”他又问了一遍，有些困惑。他看了看那些物品，但是没有看出问题来。

“这些东西都是你的，对吧？”她叹气道，“你从健身房回家以后把你的袜子扔在了后门旁边，书扔在客厅里。我做清洁的时候，把它们捡起来放在这里，希望你能带上楼。”

“对不起，”他说，“我没有看见这些东西放在那儿。”

“但是，你从它们旁边走过却视而不见，”她坚持道，“为什么你总是这样呢？”

“我怎么样？”他说，“没有把我的东西拿上楼？”

“是的！”她回答，“你从来不拿。你每次都把它们扔在那里，丢给我处理。”

“我有吗？”他怀疑地说，“你是故意把那些东西放在楼梯台阶上等我拿起来的吗？”

“不是非要你来拿，”她说，“我放在那里，谁上楼就顺手拿上去。但是你从它们旁边经过却不拿。”

“我真的没有看见啊。”他说。

“那你怎么能从那里跨过去却没看到呢！”她回复。

查尔斯和卡罗琳承认他们俩都变得越来越激动。为了缓和这个情况，查尔斯决定不再为自己辩护，也不说妻子的错了，而是试着简单地重复她所关注的点。

“所以，你把这些东西放在台阶上，等下一次有人上楼的时候拿上去，这样就能免得自己总是拿上拿下了，”他说，“而当我就从它旁边走过却没有捡起来的时候，你就生气了，对吧？”

“是的，”她说，“非常生气。”

“我真的没有注意到。它们对我来说可能真是无形的。”他说，进一步深挖她关注的点，“但是相反，你是看见的，对吧？你不仅看见了，而且你把它当作了一种冒犯，或者认为我是故意留在那里的？”

卡罗琳犹豫了，因为他是对的——那就是她看待这件事的方式。她又重复了他所说的话，进一步确认。

“你真的没有看到台阶上的东西？”她问，“就好像它们是不存在的？这对我来说真是太荒唐了。因为台阶上的这堆东西太显眼了，它们对我来说是如此明显的存在，简直就像是在喊我一样。”

“真的吗？”查尔斯回答，“这让你那么心烦吗？看起来就像视觉污染一样？”

“是的。”她说，他的理解消除了她的愤怒。事实上，他比她解释得要更好。对她来说，这就像是视觉污染，而对他来说，他却根本没有看见。“你没看见，那我没办法。”她继续说，“可能这个阶梯是你的盲点，那么然后呢？”

这下查尔斯如释重负，地上的一堆袜子确实没有进入他的视线，他很高兴妻子终于明白了。

查尔斯和卡罗琳没有让这场对话越谈越糟糕，他们选择更好的交流方式，通过重复对方关注的点，不仅避免了吵架，而且更加理解对方，并且从对方看待世界的方式中学到了一些新的东西。

重新命名

另外一个从“他说了什么，她又说了什么，他们到底是什么意思”的争论纠缠中解救出来的方法，是重新命名。不要去争怎么会吵起来的，是谁的错，而是要把所有的评论、感受、讽刺、假设打包，给它一个新名字。在争执中喊一下暂停，然后整理一下整个散乱的状况，并给它一个标签。不要把问题说成是“一团糟”“灾难”，甚至不要说那是个“问题”，而是给它一个新名字——沟通失误。

我常常遇到拙劣的计划、无效的联络，以及混乱和困惑，可能和我自己犯的这些错误一样频繁。因为我们都不完美。有时候，我们忘记或搞砸一件事，或者说错话。我最近就遇到了一件苦恼的事，一位新客户特地从洛杉矶飞来纽约，参加我的一期关于未来商机的课程，但是那次一个人都没来，就好像我没有计划过这件事一样。但我其实是很细致地安排好，而且确认了的。这位友善的妇女从加利福尼亚横跨整个国家专程前来和我见面，结果她只能看我自己一个人站在空荡荡的教室里。那时，我的心情很复杂：尴尬、不安、失望，甚至有些生气，我相信她也是一样。但是这些主观的情绪都不能改变事实。“洞察艺术”的课程在那天没法上，这位顾客接着就离开市中心了。即使对着安排计划的人叫喊，也丝毫解决不了问题。

不幸的是，我不能不切实际地希望这件事就这么过去或者假装它从未发生，尽管我很想这么做。于是，我开始担心它带来的后果会产生怎样的伤害：她会不会觉得我没有条理或者很不专业？我本来也可以花费很多精力去解释那不是我的错，找出是谁的问题，但是那样做的话，会损害到我和雇主的关系。但是如果不提这件事又会带来进一步的麻烦，或者煽动暗中的憎恶。所以我必须去面对它，并且是在不影响任何人名誉的情况下。为了达到这个目的，我很快就把整件事贴上了“沟通失误”的标签。

沟通失误是个事实。在真实情况中，没有责备也没有羞愧。当你发现自己在一个高度激昂的情境下，丢下事件的所有来龙去脉、观点和假设分析（比如说，“你没有告诉过我”或是“如果……我们就不会在这里了”），而是接受这整件事就是一个沟通失误，会让每个人感到解脱，而且这个理由能让大家不在同一时间对任何主观的点受到情绪左右。一旦能够抛开情绪，只处理事实，我们便可以继续前行。

当我积极面对这件事，并且将这件事重新命名（称它为沟通失误）后，客户、雇佣者和我都放轻松了，压力突然就消失了。沟通失误对每个人来说都会发生。谢天谢地，我们总能处理，并且努力防止新的失误发生。

重新构筑

要找到解决办法，还有一步：把任何特别的关注点当作一个疑问，而不是麻烦，对它们进行重新构筑。疑问能让沟通互相做出让步，有疑问，有回答。疑问意味着你给交流的对方一些选择，留出空间。疑问同时也能够保护作为提问者的你，让你避免处理错误信息或是假设的可能性。

不要说“X 是错的”，换个说法，“……对吗？”或者“你的意思是……吗？”不要问别人：“我能和你说一分钟话吗？”因为那样说可能会暗藏矛盾或麻烦；要这样问：“你能帮我一个忙吗？”尽可能用最好的词来表达，对方的反应就会更加积极。

我很想知道我们组的学员发生了什么事，这样我就可以在下次发生这种事情的时候准备得更好，所以我问了那个给我安排时间表的人。我没有说：“他们应该在这里的！”我换了一个说法，让它变成了一个疑问句：“大家去哪儿了？”于是我知道了这家公司的员工会在事先没有通知的情况下，被定期叫到外面所有的紧急出口。知道这件事不能让我把这期课程重上一次，也不能保证下次就不会再发生同样的事情，但是能让我下次不再邀请客人到那个地方去了。

我向那个公司代表道谢，并且离开，然后带着那位顾客外出吃午饭。最后，我们度过了美好的一天，我们更了解对方了，在随后的一个月，我飞到洛杉矶去开设另一期课程，这次她成功参加了。

当我们在传递信息的时候学会认识并且消除情绪，就能够把上一章学到的出色的交流技巧运用起来了。

给交流加一勺糖

如果重复、重新命名或者重新构筑都不管用，对方仍然抓住不放，直到找出了该责怪谁，那么，情势如此，就去主动承担责任吧。试着说："对不起，我们之间存在沟通失误 / 误解 / 事情没有说清楚。"有的人，在听到"对不起"之前不会退出争论，然而你没有说那是你的错，你在给他们一个真实的让步，因为你和他们一起陷入这个情况中彼此误解下去，会比你主动道歉还要糟糕。

你还要记住玛丽 · 波平斯的著名建议："一勺糖会让苦药好咽下去。"给你的语句点缀一些糖，有助于对方更好地接收。无论你在写什么，不管是一份报告、一篇新闻稿还是一本书，有很多挑战和最后期限带来的压力，或许没有比给某人看你的初稿更伤脑筋的事了。谢天谢地，我的编辑埃蒙 · 多兰不像我遇到的有些糟糕的共事者那样，他总是能够带有善意地传递糟糕的消息，这点太棒了。早在我们最初的交流中，他在给我的反馈里这样写到："我的注解带着实事求是的语气，但是当你看的时候，请想象一下我的每句话的前面都有一个‘请’字。在我写旁注的时候，我用了非常直接的风格，因为考虑到简明扼要，所以要是这些话中有任何唐突，我要预先向你道歉。”我们合作关系一开始的这两句话，在我们之后数个月的交流中起到了润滑作用，我不仅觉得那些直白的话能够接受，而且很多时候甚至乐意接受，因为他消除了我对他所表达意思的所有曲解。

当自己作为接收者的时候

我们正在逐渐地成为客观交流的专家。但是当角色对调时——当我们在接受一次带有情绪的、由对方发起的攻击，并且需要有一个完美的回应来救场，不然情况就会支撑不住的时候——好的沟通同样能起到决定性的作用。

首先，也是最重要的一点就是，无论这个交流有多么令人烦躁，绝不要带有情绪地去回应，不管是口头上的还是书面上的。当你意识到自己的情绪时，会怎么做？请用同样的方法：专注、处理、把那些负面的感受排解出来，将它赶走。也许当你是那个被侮辱的人时，更难以把情绪抛开，尤其是当这种侮辱来自你的上级时，但是只有做得到抛开情绪，你才能取得进步，赢得尊重。

如果你的交流对象并没有花时间去纾解情绪，那么你就需要替他们做这件事。无论他们对你说了什么主观性的话，你都要忽略这些，而是专注于事实。你可以从任何关于事实的谴责里为自己辩护，但是要把他们的情绪忘掉。不去回应对方的侮辱并不会让你低人一等，反而会让你变得更受人尊敬。

如果总是同一个人对你爆发情绪，试着客观地评估和分析那个人。找出事实。问问你自己：他 / 她是什么人？从哪里来？为什么会这么做？也许你就会揭开这个难解的谜团了（事实可能和他所受的教育、家庭生活或者工作经历有关），那有助于解释他的行为。这个人也许不会改变，但是至少你能够在告诉别人关于你对他的认识的时候获得新的视角，这样可能缓和在将来发生的任何一场情绪爆发。

布鲁斯 · 文科特是制造业公司 Unicore 的一名销售经理，他对自己看到的一件事瞠目结舌。他接到一个电话，一个大客户正要取消合同，负责账目的销售代表没有很好地处理这件事。

“这不是我的错！”那个销售员朝他的老板叫道，“这不该怪我！”这位年轻人于是从自己的座位上跳起来，把门砰地关上，离开了文科特的办公室。

文科特的情绪立刻激动了起来。“这个销售员真是个无知的年轻人，”他心想，“我们 20 年前不是这样做事情的。太失礼了……”

虽然文科特最初的反应是去追上那个销售员，并且立马解雇他，但是他知道需要给自己几分钟来冷静一下。这不是这位销售代表第一次表现得喜怒无常了，但他是全公司业绩最好的员工。如果解雇他，虽然心理上很解气，但是在工作上却是个失误。文科特知道他需要向自己的上司艰难地解释这件事，说他要把第一名的销售员赶走，因为这个销售员把愤怒的情绪扔给了他。

在他仔细考虑该如何处理这个情况时，他想到了“洞察艺术”培训课里的一幅画：《地狱中的但丁和维吉尔》中两个男人的搏斗。虽然他第一次看那幅画的时候没有联系到什么，不过他现在能突然联想到它。他觉得他的销售员在攻击他，而他的上司在袖手旁观，他们就冷酷地站在一旁看着，让他觉得非常无助。

为了平息情绪上的强烈反应，文科特拿出一张纸，并且运用了训练自己的方法：他认真地关注他们之间的交流，就像观看一幅画一样，然后简单地列出了客观事实。他从最让他心烦的那个事实开头：

- 这个销售代表砰地关上了我办公室的门。
- 这个销售代表提高了嗓门，并且做法非常不专业。

于是他发现了自己的问题，把大喊大叫定义成“不专业”是客观还是主观？他相当确定大多数的专业人员会把这样的事看作不专业，但是他也无法证明，于是他把这条划掉。

- 这个销售代表提高了嗓门。

事实会为自己说话，而且任何看到他的报告的人都有权选择把他贴上“不专业”或者“不成熟”或者“疯狂”的标签。那么，是什么导致了这场爆发？

- 客户 X 取消了合同。
- 客户 X 是这个销售代表的主顾。

两点都是真实客观的。现在，来看看为什么会发生这样的事？

- 客户 X 觉得我们的价格太高了。

把这些事实写下来给了文科特一个调整的时间。这是事实，他自己和客户谈过，那位客户是因为价格高才取消合同的，并不是因为那个销售代表，也并不是因为那个销售代表对他大喊大叫或是把他办公室的门砰地关上。在客户取消合同和销售代表的行为之间，有联系吗？有的。文科特又写了下来：

- 销售代表没有当面告诉对方新报价，而是通过邮件的形式。

他知道这件事，因为他问起的时候销售代表是这样告诉他的。他当时问："这个合同究竟是怎么弄丢的"。不可否认，他是带着厌恶的口气问的。

把这些客观事实写下来对文科特很有帮助，让他能够有时间冷静下来，在采取行动之前先把自己的情绪放在一边。事实上，只写事实的行为本身就能够平息他的许多感受。他重点关注了在交流当中自己说的那部分，是不是因为自己先大喊大叫才引起了销售代表的爆发？这样，就井井有条地把观察到的所有客观性从主观性中分离出来。事实其实并没有那么糟糕。那位销售代表没有侮辱他，或是在客户或同事的面前对他大喊大叫。他只是提高了嗓门，把门砰地关上，但是这些真的有什么大不了的吗？文科特自己干过推销商品的苦活儿长达 25 年，所以他也知道那位销售代表的工作压力。他花了一些时间回忆了自己年轻时做过的鲁莽事情，他那时也控制不住自己。

最重要的是，这个训练让文科特意识到自己的优先排序，原来他把错误的东西放在了第一位。他首先列出了销售代表的行为，但是更重要的事实则是他们丢失了大客户。专注于这个事实帮助文科特又列了一个清单，为了改正这个真正的问题并不让它再次发生，需要采取哪些步骤？在他的团队中，公司销售的当面报价的标准步骤是不是沟通清楚了？这个步骤需不需要重新回顾一下？团队需不需要更多的培训？

通过对客观事实的分类，文科特终于能够消除自己的情绪，找到新的视角，并且能够给对公司、团队和他自己的成功真正重要的事进行优先排序。

处理生活中的困难，就像处理在艺术作品中遇到的不适感一样。从容地收集事实，然后分析、排序。后退一步，从多个角度考虑事情。考虑你的肢体语言和非语言的交流等等。让自己客观、准确、精确。而且，学会如何从客观性中分离主观性会给人自信。

我最近一次和以前的一位学员吃晚餐，她是一家制药公司的经理，她对我说，现在再也不会害怕困难的对话了。

“以前，当我知道自己将要去和人展开一场困难的对话，就会很不安，”她告诉我，“如果我需要回顾一次差的表现或者要解雇什么人，我就会自己先难受好几天，并一直担心。但是我从关注客观事实以及把主观性放在一边这件事情里学到，事实会给人自信。事实就是真理，当我知道我只需要去解决事实情况，便会感到安心和自信。”

如果我们能够如实地描述一头修女打扮的猪在亲吻一个裸体男人；一个像鸟一样的动物在吃人，与此同时有更多的鸟从它的背后飞来；两个裸体的男人在魔鬼面前搏斗；大苏用手托住自己的乳房……那么应该就能够驾驭企业的规模缩小、季度预算、不好的医疗诊断、员工评估，甚至是和青春期孩子谈论性的这些话题了。

现在，我们已经掌握了出色交流的原则，也能够应对糟糕的场合了。接下来，我们要在最后一部分中看一看，有哪些无意的行为是需要去重新考虑和改变的。我们已经学习了如何评估、分析和清楚地表达信息。现在必须在真实的世界里运用这些技巧，因为这个世界并不是一成不变的，也不是客观的。我们需要去适应这个世界。通过适应我们自己的想法和行为，去适应周围环境，适应不够理想的情况。

第四部分 适应

我们看到的事物并不是它们本来的样子，而是我们自己的样子。

——艾娜伊丝·宁

第 10 章

没有什么是非黑即白的

克服固有的偏见

尽管露西·阿加特在纽约公共卫生部门已经做了十多年的护士，但是她还从来没碰到过这样一桩调查案件。她来到纽约长岛的东奈克养老中心，拿着的厚厚的文件夹里装有控告文件，触目惊心的标题文字写着《养老中心给老人带来侮辱的脱衣舞丑闻》。还有养老院一位老人的儿子对养老院的一份控诉文件的复印件。

《纽约邮报》(*New York Post*) 刚刚刊登出这则故事，是这样写的："长岛有一家养老院的老人发现他们玩游戏用的圆盘被替换成了脱衣舞男的腹肌，他们在休闲室里目睹了品质低劣的廉价版奇彭代尔[①] 脱衣舞表演。"报道还配有一张大幅的彩色照片，一位坐在轮椅上的老妇人好像在往一位身材高大的肌肉男的束腰带里放美钞，这位男子靠着老妇人，他身上只穿了一条三角裤。

---

① 奇彭代尔本是知名脱衣舞表演的机构。——译者注

“太气人了！”阿加特带着浓浓的长岛口音对我说，“我们不断收到来自加利福尼亚的谴责信。养老中心的负责人感到很惊骇，他们说：‘我们并不知道发生了这样的事！’”阿加特就这样被召去调查事情的究竟。

诉讼中说，富兰克林·杨布拉德去养老院看望母亲时，在母亲床头抽屉里的物品中发现了这张照片，他非常生气。当他把照片拿给养老院的工作人员看时，据他声称，他们冲向他，想要把照片抢走。他还想知道的是，母亲的现金应该是锁在养老院帮老人代管的一个账户里，用于给他们购买杂货，可她是怎么拿到现金去付小费的呢?

杨布拉德一家和他的律师在养老中心外面举行了一个记者招待会。杨布拉德声称他的母亲是一位“传统的浸信会教友，勤劳的女士”，但她被这件事玷污了。控告说，当“养老中心的员工让她遭受可耻的变态性欲”时，这位女士“被置于迫近的、具有攻击性的、伤害身体的忧惧之中，她困惑得不知所措，不知道为什么一个几乎全裸的肌肉男要靠近她，将身体挨在她身上”。指控还进一步说这“卑鄙的”事件发生的原因是由于“该养老院的员工堕落的欢愉和享受”。

养老中心的律师也举办了记者招待会，声称养老院的老人们是自愿并希望有这个活动的，而且杨布拉德的女朋友还陪着他的母亲去了。美联社报道说，杨布拉德的家人否认了这点，还固执己见：“无论如何，这都不意味着贝尼斯·杨布拉德没有被自己的所见所伤害。”

露西·阿加特感到，要确定这是否达到纽约州看护品质的标准，还要依她看到的情况而定。

阿加特采访了涉及这件事的每一个人：住在养老院里的老人、看护人员、护士、经理还有该中心的负责人，跳脱衣舞的男子、提供脱衣舞服务的机构，还有照片上的那个老年妇女，也就是杨布拉德的母亲。当阿加特井井有条地询问并找到了她所不知道的线索以及需要了解的情况后，客观事实便显现出来。

脱衣舞演员是怎么进到养老中心里去的？这是住在养老院里的老人们对每月的活动进行投票得来的结果：他们投票表决，想看男子脱衣舞。

“养老院的老年人委员会提出要求，然后所有的老人民主投票，才让他来的。”阿加特说，“这些老人都是成年人，他们可以用投票方式自己决定。”

这些老人是被迫去看表演的吗？不是的。事实上，养老中心还提供了另外一个活动选项，可供不想去观看脱衣舞表演的老人参加。

这个娱乐活动有没有规定不让男性参加？是否只有女性能参加？不是的，男性也收到了邀请，而且有一位还参加了活动。

老人有没有被利用，给脱衣舞演员付费用？没有，这些老人没有用自己的钱给这个脱衣舞演员。是养老中心给的钱。这是不是意味着盗用纳税人的金钱呢？没有，这笔钱是从养老中心的活动预算中拨出的。工作人员请求养老中心批准脱衣舞演员来表演，这笔钱就申请了下来。

老人们给的小费呢？是来自他们的伙食费吗？也不是。阿加特发现老人们是有自己的零用钱的。

“他们有权往脱衣舞演员的腰带里塞钱，”阿加特说，“如果不让他们这么做，反倒是剥夺了养老中心老人的权利。”

最重要的是，即使老人是自己投票表决的，他们后来有没有感觉到被侵犯呢？阿加特就这个问题采访了每一位老人。

“他们对这场演出都说了同样的话，”阿加特透露，“那就是养老中心应该索要退款。连坐在轮椅上的女士也说这是她看过的最糟糕的大腿舞！他们说那个跳舞的家伙糟糕透顶，他被告知不要去碰撞、蹭或者摸任何人，基本上就是什么都不要做，结果老人都很失望。”

那些在全国范围内报道的媒体怎么会对这种“脱衣舞演员硬要去给养老中心的老年人跳脱衣舞”的故事信以为真呢？因为我们的认知和固有的偏见影响了自己的行为以及对他人行为的预期。

“大家那么快就相信这张照片表现的是侵犯老人，就是因为我们不愿意看到一位坐在轮椅上的老年妇女也是有性欲的。”阿加特总结道，“事实是，这些老人都是成年人，都是有自主权利的，如果他们自己选择要看男子脱衣舞表演，就是被允许的。”

目前为止，我们学习了导致我们自身盲视的知觉过滤器，以及它们是如何影响我们的观察能力的。现在我们又知道了，当见到的事物和我们的预期不一致时，我们会下意识地让它们变得一致，要么漏看一些细节，要么就是把自己做出的假设带进去或是简化事实。然而，要让观察和沟通技能有所改进，我们就必须看到那些固有的过滤器是如何影响我们的。它们不仅会让我们因为自身的背景、情绪或是政治立场而漏看一些东西。我们必须察觉自己的认知会如何让自身产生偏见，这些偏见会影响我们的行为。然后，再学着去调整自己、克服偏见。

不过，在我们学习如何克服偏见之前，必须知道这些偏见究竟是什么。偏见意味着很多东西——虽然很多时候它是贬义的，也正因为如此，人们明明知道某个想法是偏见，却没人愿意承认。我让自认为内心有偏见的学员举手，最后有些人举手了，但是很犹豫。我告诉他们，同时也告诉大家：我们每个人都有偏见，我们生来就带有许多偏见，但它们并不都是坏的。

***

用科学和社会学的术语来说，偏见是一种知觉的过滤器，它不仅会改变我们看待事物的方式，还会影响我们的行为。比如，对科幻小说的偏爱就使我们不顾他人评价如何，都要去买最新大片的电影票。对商场内饮食区的偏见会让我们去其他地方享用晚餐。我们对拒绝的东西有偏见，对喜爱的东西同样有偏见。

从生物学的角度来说，人天生就存在偏见，而偏见本身并不坏。不过当我们拒绝去认识、整理并克服那些基于不真实、没有帮助或是对他人来说不公平的偏见时，就会出现问题。而忽视偏见不会给我们带来幸福，因为人人都有无法回避的偏见，它们未经检验，而且还会带来模式化的观念，使我们变得顽固。

从生物学的角度来说，我们生来就会对自己喜欢的、伴随自己长大的、熟悉的东西有所偏爱。大脑很容易认定能够反映自己生活场景的东西，因为很典型，所以那些东西对我们来说也意味着安全、有保障和舒服。从进化的角度来说，我们对亲近事物偏爱，或是希望接近和自己相似的人，都是因为和我们一伙、一组、一个部落或是一个山洞的人与我们更相像，而那些和自己不同的人可能就是危险的掠夺者。同样地，就像很多给周围世界分类的固有的系统一样，我们把某人判断为安全的这种行为是自动的、不假思索的。而如今这样多文化、几乎没有国界的世界不会给我们提供相同的、决定性的安全因素，我们必须克服自己天生的对亲近事物的偏爱，从而避免将那些有价值的“异类”排除在外。

除了被和自己相像的人吸引之外，我们还应该警惕一个天生的偏见，针对那种不能从陌生群体中将人脸区分出来的一群人，比如有人会说，“对我来说，所有的亚洲人都长得很像”。这种现象被科学家称为“异族效应”，科学家们发现，从婴儿期开始，这种效应就会表现出来。不过这也仅仅是我们不知不觉就会有的许多偏见中的一种。

无意识的偏见

因为我们的大脑接收到的信息远远多于我们能够处理的，所以存在着思维捷径，包括很多我们已经学习过了的东西，它会使我们自动地优先排序和过滤信息。无意识的偏见就是其中的一个捷径，我们每个人都持有无意识的偏见，它们会迅速地为我们填补空白，于是我们的身体就能够在我们做出慢速的、有意识的思考之前便去战斗或者逃跑。如果我们的祖先没有这些无意识的偏见，他们的下场就会是还没来得及反应便成了猎物。无意识的偏见帮助我们做出决定，不管自身是否感觉得到。

我们的无意识偏见作用于不同场合、信息和事物，这就是为什么当你在减肥的时候会突然注意到电视广告里所有好吃的食物，或者当你或者你的伴侣怀孕了，你就会到处看到孕妇，但是这个情况指向你需要注意到的人身上，因为我们的这种偏见也很可能会转化为歧视。

何塞·扎莫拉通过自己的亲身经历，发现无意识的偏见有多么容易让人形成歧视。他找工作找了好几个月，每天投 50~100 份简历，即使他有丰富而有价值的销售经验，可根本就没有公司给他答复……直到有一天，他有了一个新的想法：他或许需要修改一下自己的简历。于是他就改了，工作经历和学历原封不动，只是删除了一个字母，他把名字中的字母 s 删掉，把何塞（José）改成了乔（Joe）。从那以后，面试通知源源不断，聪明的扎莫拉这样总结："有时候我甚至觉得人们不知道或者对于他们在做的判断没有意识，他们甚至会根据人的名字来判断一个人，但是我觉得我们每个人都一直在这么做。"

他说得对，我们都会这样。甚至在看不见应聘人的招聘程序中，我们的大脑仍然会想办法挑出令自己舒服的信息，而排斥令自己不舒服的信息。

假设你在伦敦沿街散步时突然看到了这个场景，你认为发生了什么事呢？

因为我们刚刚讲到歧视，你肯定不想草率地下结论说白人警官在追黑人逃犯。我把这幅照片给白人警官和黑人警官看，他们很容易就承认这点，是的，这就是他们所看到的，然而也有警官告诉我相反的想法。这里需要注意的重要事情是，来自不同背景的不同人会对照片有不同的解释，而且文化背景和个人经历会影响我们看待发生的事情①。

然而这整本书都在告诉我们，不能依靠对事情的解释和认知来做判断，我们需要事实做根据。让我们来客观地评估和分析这张照片吧。

照片中有谁？培训班上做法律执行工作的学员注意到，左边的白人穿着制服，而右边的黑人没穿制服。白人戴着某种警察帽，这是英格兰警官戴的传统帽子；他看上去是某一种警官。那个黑人穿着长裤和长袖外衣，外衣里面穿着衬衫。他们在哪里？在街

① 所以并不是所有的白人都是一个想法，所有的黑人都是一个想法。——译者注

角，旁边有一座混凝土建筑物，建筑物上有破碎的墙面和涂鸦，地点可能是在一个城市地区，虽然我们不能辨认出实际的地点。这是什么时候？看上去是白天，而且从黑人的外衣可以看出天气比较冷。他们的穿着告诉我们这是在20世纪末。他们在做什么？我课上的很多学员着急地告诉我说白人在追黑人。为什么呢？我们并不知道。

即使看到了警官，我们也不能假设发生了犯罪行为，也不能假设这个黑人犯了什么罪。我们甚至不能假设说一个人在追另一个人。实际上，他们俩都是警官，右边那个男人是个便衣侦探，他们在往同一个方向跑，都在追一个在照片里看不到的嫌疑犯。

原来，这张照片是一场伦敦都市警察局发起的广告运动的一部分，标题是："这到底是警方的偏见，还是您的偏见？"这场运动的目的并非旨在责备公众，而是要招聘新的警官。文字接着写道："你是不是看到一个警官在追一个犯人？还是一个警官在骚扰一个无辜的人？都不对。他们两个都是警察，一个穿着便衣，在追第三个人。（大家有偏见，认为黑人不会是警察）。这正好说明了为什么我们要在（包括黑人在内的）少数族裔中招募更多的警察。"

认识自己的偏见，尤其是导致歧视的偏见，对我们的另外一个重要意义在于，它们会有意无意地转移到别人身上去。同事间的默契是缓慢而微妙地发生的，当人们在一起工作时间长了，自然就会朝着同样的方向思考问题，达到这种默契。甚至是缉毒犬和专门搜查爆炸物的搜查犬，它们对警犬训练员所发出的极为细微的无心暗示也是非常敏感的。我们在特定的情况下，可能会不由自主地加入我们的歧视或偏见，无论这种歧视或偏见是正面还是负面的，都会被旁人察觉到，并传播出去。如果能认识到这点，就能帮我们尽量避免这些歧视或偏见。

和对待我们的感知过滤器一样，识别偏见时，我们也需要向深层次里看。我们有些什么样的偏见？它们对我们的观察是有利的还是有害的？我们在解决问题时，因为这样做是正确的，还是由于一些偏见和欲望才这样做？

我在课上给学生看过这幅照片，一位年长的妇女抱着一个小孩，用它来举例。

我们看到了什么？这位妇女在微笑，她戴着耳环，头发梳得高高的，有棕色的眼睛，皮肤比那个小孩要黑。小孩是浅肤色，金发。看起来这是个男孩，但是我们不能确定。小孩穿着一件黑白黄条纹的套头衫，张着嘴。

他们是什么关系？我听到各种各样的答案。这位妇女是母亲、保姆、邻居、教母、老师、卫生保健工作者……有无穷无尽的可能性。不过有一种可能性可以排除在外，那就是妇女在把小孩当人质，因为他们在一起看起来非常放松。

他们有没有血缘关系？他们的肤色是不同的，面部特征也不一样，但是基因有时也会让两个有血缘关系的人看上去很不一样。

有位新奥尔良的女士对我说："这个女人肯定是孩子的亲生母亲！他们的鼻子长得一样！"我告诉她错了，我知道照片上这位妇女并不是小孩的母亲，她于是回应道："你说她'不可能是'小孩的母亲，你是个种族主义者。"

这可真是她的假设，而且我可以告诉你完全错误。我解释说我没有说她"不可能是"孩子的母亲，而是说我"知道"她不是。我之所以知道，不是因为我假设这不可能，而是因为我分娩了 27 个小时，还有我剖腹产的伤疤可以证明——这张照片是我儿子和我们可爱的临时保姆，她从孩子 3 个月大的时候就开始照顾他。

于是这位女士向我道歉，并解释说她和一个朋友有与之相反的经历。朋友是个黑人妇女，她的孩子是浅肤色，黑人朋友一直觉得不公平，人们觉得她是自己儿子的保姆。正是因为这位妇女有这样的经历，导致了她和我对抗。我们每个人都会遇到这样的事，无论我们是否注意到，我们的大脑填补信息空白的时候，会从经历过的事件中抓住类似的信息，从而形成偏见，无论是好事还是坏事。

经验偏见

当我把刚才那张我儿子和保姆的照片拿到了一家大型城市医院的病例研讨中，应急医学科长举手对我说："这个孩子患有唐氏综合症。"

"你有什么根据吗？"我问他。

"没有，"他回答，"但是当我看到这张照片时，我就知道了。"

另一位医生告诉我说孩子患有甲状腺疾病，他能看出来是因为孩子"因多次手术脖子被压缩了"。可是很抱歉，我的儿子只是个有多层下巴的胖小孩。我还听到有人说我的孩子有白化病、肥胖症，还有人因为他的"桶状胸"而判断他有气肿。而以上这些答案，没有一个是正确的。

我们也不愿意完全将自己从自身经验中抽离出来，因为当我们在找寻信息的时候，个人的经验是很有价值的，但是我们必须小心，不能让它们彻底偏离我们观察到的东西。做重要决定的人要负有责任心，如果我们仅仅因为想要答案，就不说清楚自己的观察和认知过程，而直接跳到结论部分，那么我们就会因为自己被偏见误导而犯错。

我们看看下面这幅图，来领会一下经验对我们的偏见所起的作用。你看到了什么？把你在这幅画中观察到的每样东西都记录下来，或者说出来。在你真正观察完之前，别继续往下看。

克洛德·莫奈，《日式人行木桥》，1899

你看到了什么？一座桥？是的。具体地说，是一座人行天桥。有树木，很明显有一棵是柳树，枝条浸在水里。画中是湖、池塘，还是海洋的出海口？我们无法辨别。岸上生长着植物和灯心草。睡莲的叶子浮在水面上，有些叶子托着花朵。这座桥看起来是木质的，向上形成拱形。我们看不到桥的任何一端：左边被植物叶子覆盖，右边是这幅画的边界。这是一幅画作，没错。画中有许多绿色、黄色和蓝色，你能够在水中看到树的倒影。这幅画中没有人和动物，这是自然的特写画，不过我们也看不到天空。如果你是个艺术爱好者，或是看到雨伞或记事本上有类似的图案，你就一定会知道这是一幅莫奈的画。

可是，克洛德·莫奈一生中一共画了250幅睡莲的画。这是哪一幅呢？西方世界的几乎每一座博物馆里都会挂上一幅。其中有18幅作品中画有日式的人行木桥，架在莫奈在吉维尼的住宅附近的水池之上。这些画都有几乎一样的名字——《睡莲》（*Water Lilies*）《睡莲池塘》（*Pond With Water Lilies*）《架在睡莲池塘上的桥》（*Bridge over a Pond of Water Lilies*）——所以只知道画的名称对我们做练习并没有什么帮助。现在，请不要往回翻，在接下来的画里找出你刚才看的那一幅。

正确答案是：中间的那幅。

我在课上做这个练习，让学员两人一组，其中一个人面朝教室的前方，另一个人背过身去。其中一个人要把这幅画大声地描述给另一个人，而另一个人不能看画，自行构建一个画面。结果，大约有一半的两人组选对了，而另外一半则选错了。那些选对的人之所以选对，有的是因为讲到了桥是深棕色或是黑色的，桥的颜色和另外两幅图的不一样；有人讲到了那幅画的前景里，水中的睡莲叶子围成一个圆的空间。有不到 10 人则提到了画的右侧和底部的阴影，而另外两幅图没有阴影。

你有没有看到那幅画右侧和底部的阴影呢？如果你没有看到，那么翻回去再看一下。阴影是不是画的一部分呢？严格意义上来说，并不是。但我确实是让你去注意到“你观察到的所有东西”。那么，只要阴影在那里，它就是存在的。我不是想和任何人恶作剧，我是想说我们必须看到每样东西，不是只看到那些就在面前的东西。我们需要看到框外、边边角角，以及跳出页面去观察。有时候那里会有我们想要的答案。

我给最有声望的一组军事情报官做这个练习，其中一位军官尤其震惊，他几乎要从座位上掉下来，手捂着头，一直在喃喃自语：“天哪，真不敢相信我竟然没注意到有阴影！”对我们大多数人来说，阴影没什么大不了的，可这在他的工作中却至关重要。漏看阴影意味着救援可能失败，有生或死的天壤之别。

后来，我又仔细考虑了他的反应，我意识到那天和他一起在教室里的每一个人都是在军队工作的，但为什么只有他看上去如此不安？很可能是因为他曾经历过一些事，或者知道什么人因为类似阴影这样的细节而发生了大事，他的经历可能影响了他做出的反应。借助于自身经验而看到的某些特别的东西，对我们有利还是让我们损失惨重，要看我们如何处理。我们会不会带着自身经验盲目地行动，就好像那个在公共活动中宣称我是种族主义者的妇女那样？为了防止这种错误的判断，我们应该认识到经验对自己所起的作用，并且尽可能在客观搜集事实的时候摆脱经验的束缚。

正因为我们可以用不同的眼睛、利用各自的经验、从不同的视角看待问题，才让合作变得如此重要。看看这幅卡拉瓦乔的画，你觉得在这幅画中发生了什么事？

警察多半会分析这是什么样的案情；金融分析师会觉得是在计算钱的问题；顾问们则会觉得那是一场家庭纷争。让不同的人提供他们的经验，有助于我们了解一些自己不曾想到的新观点。不过，

无论在我的哪堂课上，首先回答正确的人总是神职人员。因为他们学过圣像画，所以知道这幅画描述的是基督在收马太作为门徒。

我们身边不会总有牧师在需要的时候来告诉我们正确答案，但是其他人的经验却能为我们增加新一层的理解，这种新层次的理解能力会带领所有人接近问题的解决方案。他人的经验和角度能帮助我们做出更好和更可靠的决定。

下面，我们来看看白宫摄影师皮特·索泽拍摄的一张照片：

白宫战情室的照片

从这个画面中我们可以看到 13 个人的脸，11 个男人和 2 个女人，除此之外，还有一个人的头发和另一个人的手肘。有 7 个人站着，另外 6 个人围坐在一张油亮的长方形棕色木面桌子周围，桌上放着 5 台笔记本电脑和 1 个笔记本，至少 4 张打印材料，还有文件夹，两个一次性杯子和一幅眼镜。除了坐在桌边的一个男人穿着一件海军蓝色、有许多勋章的军服以外，其余每个人都穿着商务正装。房间里的每个人都看向左边画面外的某样东西，只有那位军官在低头凝视他面前的电脑键盘。

我问美军非对称作战部队的一组学员从中看到了什么，有一位军官这样回答，“在照片里，唯一在工作的就是那个穿制服的男人。”这就是军人从他的角度所看到的。那么，真的只有那个军人在工作吗？可能是，也可能不是。这是一个客观事实吗？因为无法证明，所以就不是客观事实。那么，这个答案便是基于这位军官自身经验的偏见。但是在这里，我们有两个选择：可以运用他的经验做进一步的假设——军人总是唯一在工作的人——或者运用它去深挖从而获得事实情况，就像露西·阿加特在养老中心脱衣舞事件中所做的那样——为什么看起来只有那个军人在工作？

从这个角度来看这张照片，给了我们新的视角。这位军人只是房间里 13 个人之一，我们把焦点对准他和他可能在做的、而别人在看的事情，可以帮助我们找到更多信息。实际上，这是白宫地下室的战情室。2011 年 5 月 1 日，现在的美国行政机构和国家安全队正在接收关于搜捕奥萨马·本·拉登任务的更新情报。所以现在就说得通了，为什么这位军官低着头，手在键盘上操作，而其他的人都在观看什么。这位军官是“海神之矛”作战行动组的主要负责人，他正在向大家介绍他们行动组的进展。

个人经验将是非常有效的资源，我们应该利用它去挖掘视觉信息从而得到更多的事实情况——只要我们能遵守 3 个简单的规则。

应对偏见的 3 个规则

规则 1：敢于认识且摒弃不利的偏见

偏见会存在，因为我们天生就会对他人做无意识的决定，它们存在的根据就是我们所认为的安全、相同或是舒服的原则。要克服偏见或者让它们对我们有利，第一步就是认识到它们。知道偏见是正常的、普遍的而且并不是天生谬误，能够帮助我们聪明地应对。接受它们，就会带来某种能量。如果我们对自己诚实，并且深切关注自己看待世界的方式，就能认识到自己需要去应对或克服的偏见。没有人必须知道我们脑子里在想些什么，只要自己领悟就好。认识并克服偏见能帮助我们成为更好的观察者和交流者，而且通常也能让我们变成更好的人。

一旦认识到偏见就在于自身，我们便可以去观察它们，并且确定它们是否能被我们很好地利用，从而收集到更多真实的信息。问问自己：我的偏见或看待事物的方式有没有限制我倾听和交流的能力？偏见对我个人有利还是有害？如果你发现它们是有害的，那就在伤害发生之前，让自己从偏见中解脱出来，如果你不能摒除它们，那就想办法让自己从那些容易产生偏见的事情中摆脱出来。

有许多军官（正是他们在保卫我们的民主），放弃了在总统竞选中的投票权，以避免自己卷入内部纷争。他们认识到，如果他们的候选人输了，投票将会影响到他们的认知、态度和行为。无论谁当选总统，都会是他们的总司令。所以他们选择把自己的个人政治偏好放在一边，尽最大努力做好自己的工作。

规则 2：不要把偏见当作事实，而是利用它们来发现事实

偏见没有经过证实，就不是事实，而是一种使我们相信某件事的感觉和经验，但是要用它们得出什么结论，还远远不够。所以不要把偏见当作事实，而要运用它们更深入地观察。

就像上一章中我们处理不舒服的交流方式一样，我们可以把一切可疑的推断和偏见升华为实际的问题，然后运用这些来做更深入的调查，挖掘事实。把“脱衣舞演员让老人感到被侮辱”的想法变成“脱衣舞演员让老人感到被侮辱了吗？”把“穿着制服的男人是唯一在工作的人”的想法变成“为什么看起来只有那个穿着制服的男人在工作？”

规则 3：做出结论的时候请别人把关

因为我们的偏见离我们如此之近，而且很多都是无意识的，所以我们需要别人来帮助我们辨别出哪些结论是错误的，哪些是正确的。我培训过多年的一位已经退休的联邦调查局特工琼·哈里森，就分享了她的亲身经历来告诉我她是如何这样做的。

哈里森被召去调查一起发生在大城市的、联系紧密的越南人社区的杀人案件。在这起案件中，联邦调查局调查的其中一位妇女很内向，而且几乎面无表情。特工哈里森的同事们觉得这位妇女“冷淡”的举止意味着她在说谎，而哈里森却有不一样的感受。出于某种原因，她认为这位妇女说的是实话。哈里森知道自己不能那么快就在没有事实根据的情况下得出结论，于是她检查了调查中对她起到作用的那些方面：既检验了她眼前的视觉信息，又审视了自身的个人经历。

首先，哈里森更加仔细地观察了这位妇女。她看出来了为什么这位妇女的行为举止和肢体语言在她的同事们看来不友好。她受过肢体语言培训，培训内容佐证了可能这位妇女在说谎，可是她内心的直觉却否定这个判断。对越南的妇女，她可能持有怎样的偏见呢？于是她意识到这来自她从前的经历。哈里森从小在许多不同文化的环境中长大，也接触了越南文化，她回忆起小时候和越南女性的互动中，她们的行为就是非常害羞、警惕和保守的，可是美国人却会把这种行为解读为提防或是欺骗。

哈里森将自己的偏见和过去的经验解释给同事们听，并询问他们这位妇女是否有被误解的可能性。她的同事们同意这种猜测，并让她参与进来，从不同的方面去接近这位妇女。实际上，这位越南妇女一旦感觉到了足够的舒适度以使她打开心扉，她便成了这桩起诉中的主要证人，帮助破了案。

哈里森没有把自己的个人经验完全抛诸脑后，而是去分析它，请别人帮她把关，确保它是有效的资源，从而纳入考虑之中，而不是产生结论的单独原因。她运用了自己的偏见为她的组织找到了需要的答案。

***

我们都有认知上的偏见，它们会左右我们的决定，影响我们的行为。就如同我们的认知和视角是独一无二的一样，偏见也是独特的，并且由自身的经验、信仰和生理习性形成。我们同样也需要对别人的偏见抱有开放的态度，同时理解别人的角度，从而帮助我们平衡自己的偏见。

要做到有效地观察、理解事实真相并且将它们表达出来，我们必须有能力对自身偏见做出解释，而且在很多情况下，还需要战胜自己的偏见。庆幸的是，科学告诉我们，只要我们能够意识到它们，并做出有意识的改变，我们就能战胜偏见。马萨诸塞大学阿默斯特分校的心理学家尼兰加纳·达斯古普塔为了解释这个概念，用了超过 10 年的时间证明人们能够成功改善自身固有的偏见，并确认："如果我们重新建构我们的环境，抛开刻板的模式化联想，而将自己周围变成平等主义的环境，那么我们的那些改善会很快形成，我们会很快改变。"斯坦福大学医学院的神经生物学副教授詹妮弗·雷蒙德也持有相同的观点："就像人们能够克服生理上的习惯，比如嘬手指头或者在讲话的时候说'嗯……'的习惯一样，人们也可以通过深思熟虑和有意识的策略来制止那些不良的心理习惯，比如性别歧视等。"昆士兰大学的研究者们甚至还发现，给婴儿期的孩童做认知训练，能够防止孩子天生的异族效应。经常看不同人脸的孩子，在后来就能够表现出一定水平的认知和种族分辨，而没有受过训练的孩子就不能做到。

人的大脑是可塑的。我们可以改变自己的洞察力，获得新的神经链接，并且训练它，让它能与众不同地思考。现在来做最后一步，看看我们如何运用它来驾驭不确定性。

第 11 章

轮床紧缺怎么办

如何驾驭不确定性

2012 年，我应邀为奥罗拉市的科罗拉多大学医院的护士去做一期课程。6 个星期前，这家医院的急救中心刚刚经历了一场大考验，救治当地电影院里大规模枪击案的伤员。因为一天午夜，这家影院在放映电影《蝙蝠侠：黑暗骑士崛起》（*The Dark Knight Rises*）的时候，有名男子身穿作战服，朝观众投掷催泪弹，他手里拿着一把手枪、一支来福枪和一支霰弹枪朝观众射击，造成 12 人死亡，70 人受伤。

护士们告诉我他们是如何应对突然涌入医院的伤员的，当时，医院里甚至连（用来移动病人的）轮床这样最基本的必需品都用完了。有位年轻的女护士看上去像是刚刚从学校毕业，提醒我说当他们在危机的最关键时刻，所知道的情况却要比坐在家里看这件事的新闻报道的人还少。医院的工作人员、应急人员、过路人、患者的家属和朋友并不知道到底是一个人作案还是更大的袭击案的一部分，也不知道那是国内的还是国外的恐怖袭击，更不知道那个杀人犯或是多个杀人犯是否已经被捕。告诉我这件事的护士还在颤抖着跟我回忆她的不知所措，那时没有任何信息，而且她只想赶快逃离。她根本不想在出问题的时候那么毫无准备，那么不知所措，那么无助。

我很想告诉她，再也不会发生这么糟糕的事了。我想告诉我的儿子，以及所有我在意的人、和我一起共事的人，再也不会有不好的事情发生，但事实上，对我们每个人来说，意外都是会发生的。生活会带给我们太多的不确定，会有太多类似轮床紧缺的事情发生。我把这种情况叫作“灰色地带”。在灰色地带里，事情不是一清二楚的，而是离奇、喧嚣、一团糟和无秩序的。好与坏、有罪与清白、合理与荒谬、蓄意与偶然的界线都是模糊不清的。

需要当心灰色地带，因为它会助长哗众取宠和情感主义。如果你出了什么错，“三十英里区域”（Thirty Mile Zone，一家娱乐新闻网站）就会让所有人都知道。从沟通失误到控制伤害，再到灾难，不过就是一眨眼的工夫。标题上全是那种无法判断谁对谁错的故事，以及那些会带来真正伤害的一大堆主观的意见，从冗长的调查、失去的生意，到相关人员的死亡威胁。我们活得越长，就会在职场里升得越高，就越常发现自己需要在灰色地带里和人进行交涉，在困扰自己的情况下做出艰难的抉择。

我培训了许多在医学领域和法律执行领域的第一反应者，不过，在某种情况下，其实我们每一个人都可以说是第一反应者。就像我们在第 4 章读到的，空乘人员也是第一反应者。家长每一天都是第一反应者，老师也是。同样地，员工、老板、学生和在外面公共场合的任何人，大家都是第一反应者。在某个紧急情况、危机或罪案当中，第一个出现的人往往不是新闻工作者或应急人员，那些第一个出现在那些场合中的往往是像你我一样的普通人。

我摘掉麦克风，走向观众，坐到了那位护士和她的同事旁边。我对他们讲了一个我自己当第一反应者的故事，我在你绝对不想经历的“9·11”事件发生的那一天是怎样的。那一天，我就在纽约市，我看到的、听到的，我都不想再经历第二遍。每个星期我上飞机时，都会问我自己：“这架飞机会不会坠落？”每次我和我年幼的儿子吻别时，我都会想：“如果我发生了什么意外，他要怎么办呢？”我就在发生了意外的地方，而我们都在意外中经过，或者将会经历意外，这个时候我们还是必须要前进。

那么，怎样才能做到呢？怎样在生活中继续向前，尽管有那些无奈的事？怎样在所有的情况中保持从容，即使我们面对资源紧张和混乱？如何在什么事看起来都不对劲的灰色地带做出决定？此时，请运用和前几章一样的条理性、系统性的步骤。

在任何情况下，尤其是在灰色地带，我们必须专注于自己知道的事，而放过那些自己不知道的。我遇到的那位护士，她就卡在了她所不知道的“为什么”上面。但是我们也看到，不需要知道为什么也能将事情向前推进。那个“为什么”是我们观察中的最后一块拼图，而且有时候那块拼图可能一直缺失。在我们的优先次序列表中，“为什么”几乎是在列表的最底部。不要在等待原因中消磨时间，而是要专注并客观地处理你能看到的：人物、事件、地点和时间。南部小镇的领袖们在特雷沃恩·马丁被枪击的一年前就做到了，这也是为什么你从没听说过一个叫贾丝明·塔尔的人的原因所在。

2011 年 12 月，也就是贾丝明·塔尔被枪击引起全国关注的两个月前，那时离圣诞节还有两天，16 岁的贾丝明·塔尔在教母家的车道上被人开枪打死。她在她母亲、弟弟和其他亲友的眼前死去，那颗打死她的子弹同时也使得另外两位妇女受伤。子弹是从街对面的大火力来福枪里射出来的。当警察赶到那位开枪者的家时，他们发现了一面联盟国旗，一个索套和新纳粹的资料。

当地的警察是如何做到保持小镇的平静，同时又不让这情形升级成一桩全国性的案件的呢？那就是通过小心谨慎地选择开放、有建设性、正面客观的信息收集和沟通方式。

时间很关键，尽管这位年轻女孩已经死去。

形势变得越来越紧张，当这位开枪者——一个 23 岁的白人男子断言是枪支出故障了，很多人会产生自己的认知和偏见。贾丝明的家人是黑人，他们坚持认为这场枪击是出于种族主义的动机。表面上，“一个有新纳粹资料的男子不会存心对马路对面一个年轻的黑人青少年开枪”的观点看来不能令人信服，但是，在做任何假设或指控之前，北卡罗来纳州的警察局长沉着冷静，将这把枪寄给了联邦调查局的发射学专家，让他们对枪支做故障检测。

当我们碰到处在灰色地带的事件时，必须特别小心，因为别人很可能会对我们的行为看得非常仔细。为了从危机事件中跳出来，跑到它的面前来观察，当地的法律执行部门邀请该社区的精神领袖来参与调查中的每一步。

当联邦调查局报告说那把枪实际上的确是意外射出子弹时，开枪的人便没有被起诉。并不是社区的每个人都对这个结论满意，这个结论唤不回贾丝明的生命，但是北卡罗来纳州的领袖有效地面对了迎面而来的不同角度看问题的人，和他们说清楚，并且让所有人对该调查知情。他们聚焦事件的大局，也就是社区中人们的悲痛和对结论的追究，与此同时，他们也照顾到微小的细节，比如说立刻检查那把枪。这样做让他们用尽可能好的方法让这件事过去，而不是造成更重大的影响。

强生（Johnson & Johnson）公司也向人们展现了一个成功处理灰色地带的例子。1982 年，当新闻里播出 7 名消费者在吃了泰诺特强胶囊之后死亡，一时间，恐慌散播开来。那些死者在服用了掺有 65 毫克氰化物的镇痛药后几分钟就死去了，而实际上，仅仅是 7 微克的氰化物就会致命。广告大亨杰瑞 · 德拉 · 费米纳对《纽约时报》说："我觉得他们再也不能以泰诺这个名字来卖其他的产品了。"

这件事情中有很多信息是未知的。这个药怎么会有毒呢？是谁干的？会不会是医学恐吓，或是强生公司外部有人故意下毒，或者是制造商的过失？（生产工厂里存在氰化物）。

强生公司没有坐等这些问题的答案，或是尝试逃避责任，而是快速并果断地采取了行动。詹姆斯 · 伯克主席把公司面临的两个最重要的问题放在优先的位置上："第一，我们要如何保护消费者？第二，我们该怎样拯救这个产品？"随后便开始着手处理这两个问题。

首先，公司立刻停止生产和宣传，并从市场上召回了所有的泰诺胶囊——大约是3 100万瓶，价值超过1亿美元。公司还对已经被消费者买回家的几百万粒泰诺胶囊提供换货服务。不但如此，他们还对死者的家人提供咨询和财物援助，还对所有向他们提供有毒药片信息的人发奖励，并保证不会再把泰诺产品放回到市场中，直到它们能够被更安全地保护起来。他们花费更大的财力和时间，开发由3部分组成的防拆封包装：药盒上更强力的胶水，药瓶上不仅加了塑料密封，还加了铝箔。强生公司还没来得及确定该事件是否是自己的责任，就已经做了上述的一切。

不仅如此，公司还向所有新闻媒体打开了交流渠道，以确保那些警告已经发布给了公众，又和当地警察局、联邦调查局以及食品和药物管理局建立了联系。

强生公司并未得知那个“为什么”——中毒事件始终没得到解决，并且导致了国内几起类似事件的发生。但是，与其追究未知因素，不如优先考虑“关心能够关心的事”，结果，创造了一个公司的奇迹，彻底恢复了它的市场占有率，重塑泰诺品牌形象，使它成为美国最受信赖的品牌之一。强生公司是如何做到的？就是客观地处理事实，不受主观因素的困扰。

主观的问题，客观的答案

有些情况看起来不是那么直截了当，也可能没有明确的答案，但这并不意味着我们就不能处理它们。当我们面对的某些问题、事件或挑战很模糊，道德上模棱两可，或是在灰色地带时，那就把它当作一个主观的问题，然后客观地去处理。

问题就是问题，我们在处理主观的问题时，也用处理客观问题时同样的办法。收集事实，既看到事件的整体，也关注小的细节，后退一步，考虑一下其他的视角，分析、优先排序、提问、简明扼要地表达。

1993 年，华盛顿特区外的丹尼饭店被指控对客人有种族歧视性的差别对待。6 位穿着制服的黑人情报局特工声称，服务员因为他们的种族，给他们上菜时没有给白人上得快。服务员说上菜晚了是因为情报局特工的这组人一起进来了 21 位，其中 6 个黑人坐在一张桌子旁，他们的点单又很复杂，而且那些黑人特工是最后点单的。这些黑人特工说的话是不是偏见呢？他们说看到这位服务员在转身离开桌子时朝他们翻了白眼。结果呢？这成了一起集体诉讼，却很难证明是否存在歧视。那么，服务员是故意这么做的吗？除了她自己，谁也不知道。

然而，丹尼公司并没有在主观性上刨根问底，也就是没有在服务员到底有没有歧视这件事上浪费时间，而是马上客观地做出处理。公司知道，必须通过表现对种族歧视的明确反对以及尊重所有客人、对他们一视同仁来立刻消除公众对他们的质疑。丹尼餐厅对这件事负起了责任，也道了歉，还做了赔偿，又制定了新方针，并且直接和公众交流，他们表示，无论这桩控诉是否真的成立，公司不会接受哪怕只是看上去像种族歧视的事在餐厅发生。

灰色地带因为规模、重要性和语境的不同而不同，但是它们既会在职场中又会在个人经历中出现。无论是哪种场合，主观的反应都是有危害的，只能让负面影响扩大，让事情变得更危险，使事实变得更模糊。我们必须客观地应对，即使这件事情本身是主观的。这样做，或许不能赶走那些难以解决的问题，但是我们能够在事情变得麻烦的时候，让自己的风险降到最低。

当资源捉襟见肘时，要有新思路

将洞察技能成功地运用到不尽如人意的世界，不仅意味着要对我们周边以及自身的灰色地带和主观性巧妙处理，还意味着尽最大可能利用现有的资源做到最好。在信息、时间、资料、人力、金钱的资源非常短缺的情况下，领导者们不能就此停工或是置之不理；在危机来临之时，我们来不及填采购单或是跟老板抱怨；在信息不足的情况下，或是在重压之下的关键时刻，我们来不及顾及别人的想法，而是要去做应该做的事。没有人有足够的财力、时间和人力，每个人的资源都捉襟见肘，但是即使是这种情况，也未必就是一件坏事。

正如需求是发明之母，约束和限制也正好看出了我们的品质。紧张的环境促使我们重新思考，重新构筑思维方式，并且与众不同地做事情，而不是墨守成规。

艾尔·安纳祖,《以天空为背景的轮廓》, 2008

在艺术中，有个名词叫作“objet trouvé”，就是说利用现有的东西来创造新的艺术作品。加纳艺术家艾尔·安纳祖就在这方面享有盛名。你能看到，他创造出壮丽雄伟的、像一间房屋那么大的艺术作品，从远处看，像是闪闪发光的马赛克，又好像由相似的编织布集合而成。而近距离看，你会发现它们是由无数片小的金属制成的，它们缠绕在一起，并且加工成形，用铜线连在一起。更仔细地观察，你还能读到金属上的文字：黑暗的水手、头号种子、切尔西。

一天，在一个寻找免费宝物的常规游戏中，大家在当地的材料里寻宝。艾尔·安纳祖就在那里找到了他创作用的材料。这些材料在西非的路旁有很多，是和垃圾一起被丢弃的酒瓶金属盖子，他用它们来做艺术品，他在清单上依次列出，作品有好几层意义：变废为宝的美；对世上发生的事件的回应，比如巨大的工业浪费；

人们集体努力的结果；无尽的灵活性，每个部分的挂法都是独一无二的；价格低廉，由纯垃圾创造而生；很大、很雄伟，但也能折叠起来放进行李箱里携带。

如果这位黄金海岸出生的渔夫之子能够用废弃的瓶盖和铜线来完成这幅作品，那么，我们是不是能用我们有限的资源来做些什么呢？我们是否也能有些新意呢？

艾尔·安纳祖，《绿洲》（细节），2008

我们并不仅仅只在季度预算上需要随机应变，在个人财务、抚养孩子的需要、教育系统、治理国家，以及尤其是在紧急情况中，都要学会灵活思考。当我们能够做到无论在什么情况下，都对现有资源灵活运用且具有新意，那么我们就有信心面对混乱的局面。为了检验我们是否能够有效地处理赤字，现在让我们来运用在这本书里学到的观看、洞察和交流技巧，来分析未完成的艺术作品。

对于“未完成”的焦虑

仅仅是纽约的大都会艺术博物馆就有几十件未完成的作品，它们并没有被藏在密室或是被搁置不管，而是和那些已完成的珍品一起挂在墙上展示。这是为什么？因为艺术史学家认为，那些未完成的作品能够给我们提供机会，去学习一幅作品完成过程中所需要的刻苦、技巧和灵感，并让我们更好地欣赏它们。那么说到底，生活终究是在进行之中的“未完成作品”，并不是所有东西都会完美地以一种成品的方式呈现在人们眼前。

然而，并不是每个人都喜欢看未完成的作品。一件作品缺了脸、少了手，以及那些看得见的草稿痕迹都会让观众感到极度不安。观众不舒服，并不是因为他们有什么强迫症，而是人就会这样。

人类有对圆满的渴望，这种渴望是强烈的，所以有些心理学家认为我们有“对未完成事物的恐慌”，不管那未完成的是没有打开的电子邮件，工作中尚未完成的事情，还是未完成的住宅改建项目，没有完成的事物就像一个重负笼罩着我们，困扰着我们的心灵。未完成的事物占据着我们的大脑。世界上大量的研究表明，人类有那种“一旦开始一项任务就想要做完”的需要。追求一件事的终结，追求完美，这种想法来自于大脑对于效率的偏好。一项完成了的任务是个闭合环路，而一项未完成的任务则是一个开环回路，耗尽我们认知的精力，让我们不断地寻找解决方案，或是生怕无法完成。

未完成的任务会占据我们的脑海，这个现象被称作“蔡加尼克效应”（the Zeigarnik effect）。它是以俄罗斯心理学家布鲁玛·蔡加尼克命名。20 世纪 30 年代，蔡加尼克有一次在一家咖啡店里注意到服务员只对没有上菜的点单有一种特别的记忆力，直到他们将食物和饮料在客人桌上上齐摆好后，才能放下记住点单的负担。很多人认为，蔡加尼克效应很好地解释了电视节目总是在最后要放吊人胃口的内容——是为了确保我们下一次继续收看，也就是为什么机智问答节目如此地吸引我们。英国谢菲尔德大学心理学和认知科学系的汤姆·斯塔福德博士这样写道：“你或许不会在意英国广播公司是什么时候成立的，或者世界上百分之多少的国家拥有至少一家麦当劳餐厅，但是一旦有人问了你这些问题，很奇怪地，如果你不知道答案，心里就会觉得不愉快（顺便告诉你，答案是 1927 年和 61%）。”斯塔福德甚至在自己的著作《心灵骇客》（*Mind Hacks*）中写道，蔡加尼克效应也是经久不衰的游戏俄罗斯方块成功的奥秘。1984 年，俄罗斯的科学家发明了这款游戏，在 30 年后的今天仍然很受欢迎，它被大约 10 亿游戏爱好者热爱，就是因为“它利用了人们喜欢通过清理（不同的方块，并消去完整的一行）获得乐趣的心理，从而深深抓住了很多用户的心”。

未完成的事物给我们带来压力。效率顾问戴维·艾伦在自己的著作《尽管去做：无压工作的艺术》（*Getting Things Done*）中提到，我们每天焦虑的主要原因是我们觉得自己有太多的事情要做，但是没有足够的时间去完成，这让我们很沮丧，因为我们的大脑潜意识被未完成的任务困扰。艾伦说，这种困扰在所有的任务中都存在，这些事情包括“大大小小的事，从重大的、必须做的事，比如‘消除世界饥饿’，到更为普通的事，比如‘招聘新的助理’，再到最小的任务，比如‘替换电动卷笔刀’。”

威胁到我们效率的未完成任务不仅仅局限于我们写在任务清单上的那些事，还包括了我们内心认为不得不做的事，比如，我们很盲从地认为应该去回复每一封电子邮件，给每一通电话回电，回答别人问的每一个问题。未完成的任务导致的压力会轻易影响到我们，不管我们是公司经理、新闻社编辑、学生还是全职家长。我们并不需要有意识地记录自己脑中到底有多少未完成的事，但即便如此，也要知道，这些未完成的事消耗着我们的精力和注意力，积压的工作是会把人逼疯的。

所以，就像其他那些让我们感到不舒服的事情一样，如果回避它们，事情就会变得更糟。

不要去逃避未完成的任务，让我们训练大脑，就当那些未完成的任务是完满的，让那无穷无尽的开环回路无法掳获我们。你一定已经猜到了，我们将用艺术来对此进行训练。

做完未完成的事

那些著名的艺术作品没能完成的原因，就和工程、促销、职场上的问题没有完成、没有解决是一样的，就是因为政治、灾难、优柔寡断、上级要改变目标、生老病死、时间、金钱或资源的缺失。能够把某人遗留下来的工作捡起来，这样的能力是无价的，尤其是当今所有行业每年全国员工的流动率都超过40%的情况下，而且新员工都被期待要成功地完成并不是由自己起头做的、而是中途才开始的工作。如果我们能把对一件未完成的项目给我们带来的主观情绪——对不得不去做不够完美的工作所感到的失望、困扰——从客观事实里分离出来，就会发现从许多方面来说，不圆满的工作与圆满的工作之间，其实并没有什么差别。

让我们一起来看看这张古斯塔夫·克里姆特的未完成的画作：

你能够客观地评估和分析它吗？是的，重要的元素都在那里。

画中的人物是谁？一位妇女，她有着黑色的头发、长脸、明眸、黑色眉毛和修长的鼻子。我们看到她右手细长的手指放在大腿上，看不见她的左手。她看上去是独自一人。她戴着黑蝴蝶结和带花边的短项链，这点可以看出她是 20 世纪早期的人物，或者起码在那时她衣着入时。

她在干什么？她坐着，向前直直地凝望，就好像在给画肖像的人摆姿势。她在哪里？看上去她是在室内，可能是在一个工作室里，或者在一个并没什么特征的地方。

这是什么时候？看光照，可能是白天，但我们分辨不出这是一年中的什么时节。

我们不知道什么？她的名字，她与这位画家的关系，她在什么地方摆姿势，她其余的服装或是她身上盖的东西是怎么样的，她为什么在那里，为什么这幅画没画完。

如果能够获得更多信息的话，我们还想知道什么？知晓了什么答案能让我们回答出最重要的问题？——她是谁。

尽管这幅画没有画完，不过我们还是可以运用所知道的客观事实来发现更多。

我们知道这幅画是克里姆特画的，但是为什么它只是半成品？如果研究一下克里姆特在临近生命尽头时在做什么，我们就能发现这幅画是 1917 年至 1918 年他在维也纳时画到一半的作品。他在 56 岁那年突然死于中风，于是这幅画就以没有完成的状态遗留了下来。

于是，我们现在知道了时间和地点。根据这些线索，加上一点历史研究，就能得知这幅画是克里姆特在 1917 年画的，画中的妇女名叫阿玛莉·祖克尔坎德。故事就从这里说起。

阿玛莉·祖克尔坎德和所有的大人物都有关系。她是克里姆特的好友——艺术评论家、记者和文学沙龙的女主人——贝尔塔·祖克尔坎德丈夫的姐妹，跟犹太糖业的巨头费迪南德·布洛赫·鲍尔妻子的姐妹特雷瑟·布洛赫·鲍尔是朋友，而费迪南德是克里姆特最大的赞助者之一。费迪南德委托克里姆特画阿玛莉的肖像，另外还委托他画至少 7 幅其他的画，包括两幅他妻子阿黛尔的肖像画。1938 年，纳粹分子进入维也纳，犹太居民和驻地艺术家都不堪其扰。虽然阿玛莉的女儿赫敏能够安全地躲到巴伐利亚，但她自己却在集中营被处决。

这幅阿玛莉的肖像画在当时和克里姆特其他的画一起挂在费尔南德·布洛赫·鲍尔在维也纳的宫殿中，虽然布洛赫·鲍尔得以逃入捷克斯洛伐克的城堡里，但他在维也纳雇了一名律师保护他的财产，可是谁知道那位律师原来是一名高级的党卫队军官，他帮助纳粹将布洛赫·鲍尔的财产进行了清除。布洛赫·鲍尔在维也纳的宫殿最终变成了德国铁路中心，而现在，它是奥地利的铁路总司令部。

这幅阿玛莉的肖像画丢失了几年，被阿玛莉非犹太裔的女婿继承，但是他却把这幅画卖给了一个艺术商。那位商人把这幅画放进自己的私人收藏中，在 2001 年自己于 101 岁高龄去世的时候，捐赠给了奥地利美术馆。2006 年，奥地利仲裁陪审团下达命令，所有被偷走的作品，包括这幅阿玛莉·祖克尔坎德的未完成肖像都应归还给布洛赫·鲍尔的继承人，但是随后又改变了注意，决定将阿玛莉的画像留在奥地利。

如果我们因为这幅克里姆特的画未完成就跳过它的话，就不可能发掘它背后这么丰富精彩的故事。我们没有逃避，而是用了与我们处理所有已完成作品同样的方法来处理它：用井然有序的计划一步一步地做。当我们准备好在这不尽如人意的、重要的信息缺失的环境下运用我们的洞察技巧，我们就会在这种关键的时候——在裁员、解雇、突然的调离、雇人失败、政策规章剧变的情况下——从坐板凳的队员当中脱颖而出被重用。即使在只有不完整的信息和资源的情况下，我们也要巧妙应对。某天深夜，我就在华盛顿的一家宾馆里做到了这点，而且我很可能救了人一命，心里的滋味大过于满足。

我常常去华盛顿出差，经常住在市中心的一家宾馆里，所以每年他们都会给我准备生日礼物。然而，有一次我住在那里，凌晨两点醒来，我听到房间门外有人在尖叫。

“我不会再让你对我这样做！我要打 911 电话，我发誓我会打电话报警的！”是一位妇女的声音，沿着过道传来。

我从床上爬起来，透过房间的窥视孔向外看去，却什么也看不见。我是个有单独旅行经验的旅客，我不至于笨得去打开门把自己暴露于危险之中。那尖叫还在持续着。

我对于外面发生的事情，心中有个不完整的画面。我不知道有谁涉及其中，也不知道他们之间的关系，或者他们对话的上下文。但是我能听出这位妇女说话的语调，让我知道她可能遇到了麻烦。

我给前台打电话描述了我听到的声音，我小心翼翼，只把我所知道的表达清楚：我听到他们在说什么，在哪里，什么时候。随后，前台叫来了警察。

一个小时后，我接到宾馆打来的电话，问我愿不愿意现在就为警方提供证词。我只是用耳朵为这场争吵作证，但我是宾馆里唯一报告这一事件的人。我肯定，不是只有我听到了尖叫声，因为声音很大，而且持续了很长时间。我认为其他客人没有打电话是因为他们没有完整的信息，所以心中不安，他们不知道发生了什么事，所以他们就选择忽视。我其实也不知道全部，但是在我的整个职业历程中——从律师到教育主管，再到“洞察艺术”课程的总负责人——这些经历都在告诉我，不要忽略任何事。

警方询问我的时候，我坦言什么是我知道的，而什么是我不知道的，我听到的谈话是不完整的，所以我的观察和认知都不完整。但是，缺乏信息并没有阻止我去协助。我撇开自己的主观情绪、意见以及假设，传达了我所知道的事实情况：大约在凌晨2：15，我听到门外过道里的尖叫，我在226号房间，走到门口，从窥视孔看出去，什么也没有看见；我听到有位妇女在尖叫，所以我就把我所记得的她的话转述出来，我也听到了一个男子在和她对话，但是我听不出他在说什么。尖叫和争吵持续了至少15分钟。

警方在过道上发现这个妇女躲在一些设备后面。她被迫成为性工作者，和她的皮条客发生了争吵。警方并没有听他们两个的一面之辞，而是由我这个公正的第三方作证，警方正式记录，证实了这个妇女确实说了那些话，而不是像这个男人谎称的“情侣之间的吵架”。由此，警方成功抓捕了在宾馆外活动的一个卖淫集团。

我们同样可以在生活中对不完整的事物运用这些技能。比如说，你的电子邮箱里有许多粗体显示的未读邮件，它们占据了你的头脑，不要让“实在太多了，我根本不可能每封都去读”这样的主观情绪支配自己，而是要像在已完成的艺术作品里寻找客观事实那样，去客观地面对。从计数开始，数一下你一天收到多少封信，然后考虑一下你回复几封是合理的。然后，当你收到邮件时做出这样的决定：每天安排一段时间专心地回复邮件。

问自己，在这件事情上，做完和没做完的区别是什么？没处理完的邮件，不管是读过了还是没读过，都还没有回复。那么，处理完的邮件，就是读完并且回复了的。你能想个办法，把这些没有处理完的邮件当作处理完的来看待吗？也许你可以一下子读完所有的邮件但是不回复，只在浏览的时候对邮件进行分类处理和优先排序。你不是无法尽可能快地回复每封邮件吗？那么，就用和你对待处理完的事情同样的方法，赶走压力：给它们设置自动回复。《Inc.》的专栏作家凯文·多姆建议这样设置自动回复：“您的邮件我已经收到，谢谢。现在我有点儿忙，不过我会在一两天内给您回复。”

很神奇的是，仅仅是把这封邮件有礼貌地做自动回复，用对付完成了的事情一样去对付未完成的事情，就能够减轻许多的压力，让我们不会因为压力而在起初就有抵触情绪，不管我们是否能够成功地完成这项任务。2011 年，佛罗里达州立大学的心理学家通过一系列研究，发现仅仅是在心里这样打算，就不但能够除去由于未达成的目标而导致的心理干扰，而且还释放了认知资源的空间，从而在结果上推进目标的达成。或者像斯塔福德博士说的那样：“（我们）的大脑喜欢有计划伴随，所以，仅仅是关于如何做某件事的计划就能够把我们从未完成任务的心理重负中解放出来。”

就像我们在这本书里看到的那样，在任何情况下，清楚观看、处理事情以及沟通的能力在职场和个人生活中都带来极大的益处，包括在工作保障、个人安全、经济收益、赢得普遍的尊重等这些方面中。这样简单的几乎是自动的过程，就能够带来巨大的回馈，只需要一点点训练，你就能够轻松掌握。

结语

将书中所述的技巧融会贯通

后来获得 CNN 英雄称号的德雷克·卡永戈走出宾馆房间的浴室时，对一小块香皂产生了一连串疑问，让他万万没有想到的是，一个小小的发现可以有那么大的国际影响。在卡永戈受启发创立了全球香皂计划的 5 年里，他见证了自己最初的想法多少次地行不通。一开始仅仅是把美国宾馆里丢弃的香皂进行消毒，然后分配到他的故乡乌干达，给那些连手都没法洗的人，到后来，这件事变成了一场卫生革命。从那之后，他的慈善团体逐步成长为帮助抑制塞拉利昂市埃博拉病毒传播的机构，他们和助产士一起，防止了产后败血症，这种疾病也被叫作

“产褥热”，在发展中国家，这通常对刚刚分娩的产妇是致命的。他还首次把他的企业家精神和人道主义之路完整地循环起来，现在，他给当地像他父亲那样的香皂制造者提供微贷，这样也能使他们对自己社区的卫生健康做出贡献。

可是，最令人吃惊的是卡永戈个人看到的一些事情。在他最早将 5 000 块再利用的香皂送到肯尼亚的基苏木时，事情并不像他所想的那样。

他回忆道：“很多母亲带着孩子一起排队，当我把那些香皂堆在小桌子上时，她们非常开心。我告诉她们关于这些香皂的来历，我说，这不是普通的香皂，这些香皂里面有美国志愿者对你们的爱心，这是希望的香皂。”

当他第二天早晨回到那里，想看看那些妇女用了香皂的反应时，却发现大多数人诚惶诚恐。

“你说这是希望的香皂，”她们对他说，“那是给我们的爱心，我们不能把这么贵重的东西给用掉！”

“哦，不！”他记得自己是这么说的。“我告诉她们，你们必须用！你们必须洗澡！”

于是，有个村民——一个大眼睛的瘦弱女人——目光犹疑地向他走来，说自己使用了香皂，但不是像他想象的那样。

她说：“我拿起这块香皂，闻着好香，我沾了一点水在上面，然后涂到全身。”

“整个身体都涂了？”卡永戈问道。

“是的，全身，”她微笑着说，“而且我没有把它冲掉。”

“为什么？”他问。

她回答说：“因为我以前从来没有闻起来像个女孩。”

卡永戈被震慑住了，因为他意识到，我们即使做出很小的安排和行动，也有着改变别人生活的力量。

这就是“看见重要的事情”的真正意义所在——去注意那些被人忽视的、平常的、看起来不重要的事情，不仅能够帮助人们解决重要的问题，或是保持自己的成功，而且还能带来与众不同的、美妙的意外收获，它们对我们和周围世界的影响会超乎我们的想象。这些旧香皂救了很多人的命，对一幅用许多颗粒画出的母牛图片的判断，在课堂上提高了学生的视觉能力，也在军队培训的项目中被用做练习，这个项目确保学员准确地侦查“二战”期间敌人的飞机。而无齿拉链的灵感则是来自于自然界的毛刺，科学家注意到了它，从而改变了时尚界，也让在太空生活和工作成为可能。

我教授的不是火箭科学，但恕我直言，我觉得这个技能可能比火箭科学更有用。因为当你重新唤醒感官，激活自己探究力的时候，变革性的改变可能变得无穷无尽。

虽然我已经从曾经上过“洞察艺术”课程的学员那里收到上千封感谢信，不过在我这本书出版之前，我很意外地收到第一封关于这本书的感谢信。写这封信的人只可能是我的编辑——埃蒙·多兰，因为其他的人还没有读到这本书呢——他是非常一流的专业交流者，我本以为他的洞察水平已经高到不需要额外的提高洞察力的课程了。

他用了几个月的时间沉浸于我的世界（还有我的原稿）后，有一次在上班路上的地铁里注意到席间通道的对面，有位女士看上去很不安，她在自己的手提包里狂躁地寻找什么东西，而且好像在抽泣。她开始咳嗽和喘气，有几个乘客问她哪里不舒服，但是她说不出话来。当列车驶入车站，一些乘客只是面面相觑，不知如何是好，还有一位乘客试着安抚这位女士。

埃蒙从车厢里跑出来，朝着列车中间的站台走去，走到那节有检票员的车厢，窗开着。

“你应该立刻让这辆列车停止运行，去叫医疗救助人员。”埃蒙说，“有位女士在2号车厢，我觉得她是哮喘发作，而且她找不到自己的人工呼吸器了。”

于是，列车停在了车站，警察和急救医务人员赶到，照顾这位女士。他们扶着她走下列车，可是她还是呼吸困难，但终于停止了咳嗽，而且可以说话了。她确认自己的确是碰到了哮喘发作的紧急情况，而且找不到自己的急救呼吸器了。有80%的哮喘致死的情况原本是可以通过普通的医学治疗来预防的，但是很多成年人还是常常因为忘了带呼吸器而死，应该说埃蒙救了这位女士的命。

他后来告诉我：“在我编辑你的书之前，我是不会那样做的。不是因为我漠不关心，而是我不会像这次那样观察那么仔细、行动那么迅速、沟通得那么好。编辑你的书赋予了我更好地观察周围的习惯，让我知道，我和那位女士是在2号车厢，在列车靠前的位置，注意到女士的行为有异常，于是我想起了检票员是坐在列车中间位置的，通常会在站台上把窗打开，司机就不同，他们坐在最前面。

《洞察》不仅训练了他的观察技巧，还帮助他建立了一种新的思考方式。在他继续罗列突然参与的行动过程时，也是带我把这本书过了一遍：他注意到其他的乘客看待这个情景与他有所不同，但他没有让这些改变自己的观察（第 3 章）；他注意到这件事的人物、事件、时间和地点（第 4 章）；他觉察到细节，比如说他坐在几号车厢（第 5 章）；他从不同角度分析情况（第 6 章）；他猜测什么东西应该在却不在：哮喘发作时急需的呼吸器（第 7 章）。他还告诉我，第 7 章教会他的“如何排优先次序”让他念念不忘，于是他知道要去告诉检票员最应该做什么：把列车停下来，别开出站。他将自己看到的东西进行整理，把自己要说的话进行提炼，考虑到对方是什么人，让对方更容易理解和接收。

“你让我比过去更加意识到我的用词，”他说，“所以我使用大都会运输署的专有词汇来沟通，‘出现故障’‘停止运行’，等等，所以检票员能够更轻松、更快速地接收到我的信息。”

他总结说，《洞察》这本书，在信息不完整的情况下给了他自信，让他快速采取行动，并能够对那位有困难的女士进行有根据的推测（第 11 章）。我最理解他说的最后一点，和他由此感受到的喜悦，因为这就是那次当警察告诉我说，是我帮助了他们在宾馆里抓捕了卖淫集团时我的心情。当你深入了解了你的视觉智能，你就改变了，你就能集超级侦探、破案高手和守护天使于一身。你会发现，自己已经发现了这个世界的奥秘，其实它一直就在灯火阑珊处。

每天我都非常幸运能够看到来自世界各地的人，有高中老师、情报人员、世界500强企业的首席执行官、学生、公务员和全职家长发现了潜藏在他们身上的能力。你也同样具有这样的能力，这就是为什么我不断地教授“洞察艺术”这门课，也是为什么我如此激动，想要把这个“奥秘”分享给你的原因。我迫不及待地想知道，当你运用了这种潜能和神奇的能力，你和你周围人的生活会有怎样的改变。

要记得，在你寻求一件事情的大局的时候，不要漏看小细节。

不要害怕复杂的东西，也不要着急判断。像你观看一幅画那样，在有的时候，后退一步，退到外面一层去看，记得归零。根据事情的重要程度排出优先次序。确保你已经尽可能地考虑到所有信息，有没有漏看“红木桌子”？

常常提问，尤其是对自己。不管事情看起来有多么“明显”，要把自己看到的说出来，因为很有可能别人没有看到。不要忘记去描述那些基本的要点，要说“一张是照片而另一张是画”。让自己的语言具体化，就当和你交流的对象完全看不到你所看到的东西一样。问自己：“我是不是说清楚了？我在找需要的答案时，有没有问出能引出答案的正确问题？”

确保你只处理客观事实，撇开情绪和假设，只描述自己看到的，那样才不会阻碍你的洞察。不要完全撇开自己的个人经验，但要当心它对你的影响，从而不让自己被错误的假设误导。

当我们选择运用透视的目光，与众不同地看世界，我们就会变得与众不同。为了让你更好地意识到自己已经进步了多少，有多特别，请你翻到第 2 章开头，再看一看我们最早看到的其中一幅画，勒内 · 马格里特的《肖像》。它原来是一幅简单的、看似奇怪的静物画，也许你会想也不想就跳过的画，现在，它变成了值得探讨可能性的一幅画。注意画中物品的关系和排列，污渍和尖锐的反射、材质、气味、现实的、超现实的。你看到什么以前没有看到的东西了吗？ 画本身并没有变，是你已经改变了。你学会了看到重要东西的方法。

致谢

我要感谢太多太多的人，如果没有他们，就没有这本书。首先，要感谢我的父亲罗伯特·赫尔曼（Robert Herman）和姐姐简·E. 赫尔曼（Jane E. Herman），如果没有他们，我根本不可能写这本书。他们和我2010年去世的母亲戴安娜·S. 赫尔曼（Diana S. Herman）从我小时候，就一直在教我看到重要的东西。他们的想法和见解，修正、接受新角度的意愿以及对我书中每一方面的支持都是无价之宝，我非常感恩。

我深深地感谢希瑟·麦克莱恩（Heather Maclean），如果没有她，《洞察》这本书就不会存在。她的眼界、洞察力、创意、理解力、协作精神和幽默感是无与伦比的。简单地说，和她一起工作是一种至高无上的快乐。我同时必须要感谢她的丈夫克伦姆·麦克莱恩（Calum Maclean），感谢他的合作和鼓励，以及积极参与这个项目。

我在作家出版社的代理人苏珊·金斯伯格（Susan Ginsburg）总是和我讨论，给我支持，从我们相识的那天起，她就是让我振奋精神的人。是她比我还要早地看到了这个项目的潜力，我将永远感谢她。而在我遇到苏珊之前，感谢老天让我遇到了她在作家出版社的同事罗宾·鲁（Robin Rue），我们相遇的机缘和令人愉快的谈话让所有的想法付诸行动，我要感谢罗宾卓越的远见。我还要衷心地感谢作家出版社的斯泰茜·特斯塔（Stacy Testa）对这本书方方面面的协助。

感谢我的编辑——霍顿米夫林哈科特（Houghton Mifflin Harcourt）出版公司的埃蒙·多兰（Eamon Dolan）。他非常严谨，颇有智慧，而且积极地吸收“洞察艺术”中与众不同的新视角。还要感谢考特尼·杨（Courtney Young）在这本书尚未成熟的阶段就看到潜力，并且给我着手写作的动力。还要深深感谢霍顿米夫林哈科特出版公司的编辑助理罗斯玛丽·麦克古因尼斯（Rosemary McGuinness），她对细节的认真和冷静的风度给了这个项目极大的支持，还要感谢娜奥米·吉布斯（Naomi Gibbs）所有的帮助。我要感谢霍顿米夫林哈科特出版公司了不起的团队和每一个人，包括塔林·罗德（Taryn Roeder）、阿叶莎·米茨拉（Ayesha Mizra）和黛比·恩格尔（Debbie Engel）。还要感谢玛格丽特·温博尔格（Margaret Wimberger）敏捷而严格地为这本书进行了编辑工作，和她一起工作十分愉快。

“洞察艺术”课程是从纽约的弗里克艺术收藏开始起步的，我在那里的同事给了我的项目非常慷慨的帮助，不论是我在那里当教育负责人之时还是之后。我要感谢佩姬·伊尔科诺（Peggy Iacono）、苏珊·加拉斯（Susan Galassi）、科林·B. 贝莉（Colin B. Bailey），伊莱恩·科斯（Elaine Koss）、丽贝卡·布鲁克（Rebecca Brooke）、玛莎·哈克利（Martha Hackley）、凯特·格尔鲁（Kate Gerlough）、珀涅罗珀·珂里尔（Penelope Currier）。我衷心地感谢已故的弗里克收藏名誉总监查尔斯·赖斯坎普（Charles Ryskamp），他对博物馆教育的追求和鼓励才让“洞察艺术”的发展有了丰饶的土壤。感谢弗里克收藏的前任总监撒母耳·萨克斯二世（Samuel Sachs II），他在我就职于教育部门期间对我进行的培养也极大地支持了我。还要特别感谢两位在弗里克收藏的人，他们的支持和见解对“洞察艺术”的课程帮助很大，他们的友情也帮助我写作，查利·勒玛斯特斯（Chari LeMasters）和塞雷娜·拉塔兹（Serena Rattazzi）。

我的很多期“洞察艺术”课程是在纽约大都会艺术博物馆里进行的，我要感谢前教育副总监肯特·李德科（Kent Lydecker）、前教育主席佩姬·福格尔曼（Peggy Fogelman），以及哈罗尔德·D. 乌里斯教育中心（Harold D. Uris Center for Education）的高级经理马琳·格雷厄姆（Marlene Graham），是他们给纽约警察署的项目慷慨地提供了场地。

还有一些“洞察艺术”的课程是在华盛顿的国家艺术馆进

行的，我要向教育总管琳恩·拉塞尔（Lynn Russell），以及金伯利·霍杰斯（Kimberly Hodges）致以诚挚的谢意，感谢他们为情报体系提供了国家艺术馆的藏品。还要感谢华盛顿的史密森尼美国艺术博物馆前教育总监苏珊·尼科尔斯（Susan Nichols），感谢她积极地为许多次课程安排场地。

我相信，如果没有在普林斯顿大学的艺术博物馆当讲解员的经历，我就不可能创造出“洞察艺术”这门课程。那里的讲解员们慷慨地与我分享、向我传授博物馆教育的知识，对我和来自世界各地到博物馆参观的观众之间建立纽带是非常有帮助的，所以我非常感谢他们。

不论是个人还是职业层面，我都要感谢耶鲁大学英国艺术中心的教育总管琳达·弗里德兰德（Linda Friedlander），她和耶鲁大学医学院皮肤医学教授欧文·布雷弗曼（Dr. Irwin Braverman）一起，在最初设计出给医学院学生的培训项目，用以提高他们的观察技能，该项目是耶鲁大学医学院“医学中的人文”课程的一部分。是琳达慷慨地与我分享她的知识和见解。

我要感谢纽约市的警务处长威廉·布拉顿（William Bratton）和前警务处长雷蒙德·凯利（Raymond Kelly），以及纽约警察署，他们向法律执行团体、纽约市以及全国许多的团体推出“洞察艺术”的课程。在最早的时候，纽约警察署的许多部门对这门培训课程的认可和支持很鼓舞我。我尤其要感谢丹尼尔·索斯诺维克队长（Captain Daniel Sosnowik），退休的检察官蒂莫西·哈迪曼（Timothy Hardiman），马克·阿尔巴拉诺中尉（Lieutenant Mark

Albarano)，阿米德·玛穆德侦探（Detective Ahmed Mahmoud）、希瑟·托托洛警官（Officer Heather Totoro）和阿尼塔·卡特警官（Officer Anita Carter）。

我在美国联邦调查局（FBI）的同事——有太多人了，无法一一列出他们的名字——愿意接受“洞察艺术”这门课程作为FBI训练的持续项目，在方方面面给予我支持，我对他们满怀感激。我从他们每个人身上都学到了很多。

我还有许多好友和同事，他们或者是通过“洞察艺术”课程而结识，或者是在我扩展这个项目的时候给我的工作坚定的支持，我无法写出他们所有人的名字，但我还是想提及其中的一些：查尔斯·巴德斯博士（Dr. Charles Bardes）、沙拉·米勒·毕比（Sarah Miller Beebe）、克丽斯汀·布特勒（Christine Butler）、艾伦·拜伦（Ellen Byron）、莫妮卡·钱德勒（Monica Chandler）、贾科伯·伊斯特汉姆（Jacob Eastham）、贝斯·法奇（Beth Farcht）、彼得·弗雷斯特（Peter Forest）、伊利斯·吉尔泽（Elise Geltzer）、鲍比·古德曼（Bobbi Goodman）、爱德·霍布森（Ed Hobson）、蕾切尔·哈德耶塔利安（Rachele Khadjehturian）、奥德丽·库塔（Audrey Koota）、吕巴·科诺帕斯克博士（Dr. Lyuba Konopasek）、理查德·科恩（Richard Korn）、玛丽林·库什娜（Marilyn Kushner）、莱勒一家（the Lehrer family）、梅莉萨·马尔汉默（Melissa Malhame）、鲍勃·马蒂逊（Bob Mattison）、罗宾·马克卡伯（Robin McCabe）、约翰和卡拉·默里夫妇（John and Carla Murray）、雪莉·麦克伦伯格（Sheri Mecklenberg）、安妮·拉蒂斯

（Anne Radice）、唐娜·科恩·罗斯（Donna Cohen Ross）以及阿利格拉·施塔内克（Allegra Stanek）。

这本书是献给我儿子伊恩（Ian）的，他在我的“洞察艺术”课程以及这本书的每个方面，都是绝对重要的存在。他和我一起观看了无数件艺术作品，并不断地全情投入，与我展开交流。是他点亮了我的生活，他对世界的看法和分享，以及对我乐此不疲的支持，在每个日子里，都帮助我看到什么是重要的。